数 論 講 義

数　論　講　義

J.-P. セール 著
彌永健一 訳

岩　波　書　店

COURS D'ARITHMÉTIQUE
by Jean-Pierre Serre

This book is published in Japan by Iwanami Shoten, Publishers, Tokyo by arrangement with Presses Universitaires de France, Paris.

序

本書は二つの部分に分かれる.

初めの部分は純粋に代数的である. この部分における目的は有理数体上の2次形式の分類(Hasse-Minkowskiの定理)であり, 第4章で結果が得られる. 初めの3章では様々の予備的事がらが述べられる. すなわち, 平方剰余の相互法則, p進体, Hilbert記号についての説明が与えられる. 第5章では, それまでに述べられた諸結果を整係数で判別式 ± 1 の2次形式についての考察に応用する. この種の2次形式は, 保型関数, 微分位相幾何学, 有限群などの各分野における諸問題と関連して姿を現わす.

第2の部分(第6,7章)では"解析的"手法(複素解析関数論)が用いられる. 第6章ではDirichletの"算術級数定理"の証明が与えられるが, この定理は第1の部分の本質的な箇所(第3章2.2)でも姿を現わすのである. 第7章は保型関数論, それも特にテータ関数の理論の説明にあてられるが, ここで第5章で扱われた2次形式の中のあるものが再び現われる.

上記の二つの部分はそれぞれ1962年と1964年にエコール・ノルマル・シュペリオールの2学年生を対象として行なった講義の内容に対応している. これらの講義の記録はJ.-J. Sansuc (1-4章), J.-P. RamisとG. Ruget (6-7章)によってまとめられ, 複写された. この記録は私にとって大変有用なものであった. ここに記録を作成して頂いた諸氏に感謝の意を表する.

目　　次

第2部　解析的方法

第1部　代数的方法

第1章　有　限　体

§1　有限体の性質

記法　有限集合 X に対して，その元の個数を $\mathrm{Card}(X)$ と表わす．

$\boldsymbol{Z}, \boldsymbol{N}, \boldsymbol{Q}, \boldsymbol{R}, \boldsymbol{C}$ によって整数全体，0以上の整数全体(0を含む)，有理数全体，実数全体および複素数全体の集合を表わす．

本書で考察する環は全て単位元を持ち可換であると仮定する．環 A の可逆元全体から成る群を A^* と表わす．

1.1　有限体

K を体とする．$\boldsymbol{Z}$ から K への“自然な”環準同形 f を $f(1)=1$ (K の単位元)となるようにきめると，像 $f(\boldsymbol{Z})$ は整域だから $\boldsymbol{Z}$ あるいは $\boldsymbol{Z}/p\boldsymbol{Z}$ (p は素数)と同形であり，$f(\boldsymbol{Z})$ の商体は $\boldsymbol{Q}$ あるいは $\boldsymbol{F}_p=\boldsymbol{Z}/p\boldsymbol{Z}$ と同形である．初めの場合に K は**標数** 0，第2の場合には K は**標数** p であるという．後者の場合には p は $n1=1+1+\cdots+1$ (n 個の K の単位元の和)が K の零元と等しくなるような自然数 $n\geqq 1$ の中最も小さいものである．

補題　<u>K の標数が $p>0$ ならば，写像 $\sigma: x\longmapsto x^p$ によって K はその部分体 K^p の上に同形にうつされる．</u>——

$\sigma(xy)=\sigma(x)\sigma(y)$ が成り立つ．一方，2項係数 $\binom{p}{k}$ は $1<k<p$ のとき p を法として0に合同だから

$$\sigma(x+y)=\sigma(x)+\sigma(y)$$

が導かれる．従って σ は準同形である．$\sigma(x)=0$ ならば $x=0$ は明らかだから σ は同形である．

定理 1 (i) 有限体 K の標数は $p\neq 0$ (素数) であり $[K:\boldsymbol{F}_p]=f$ ならば $\mathrm{Card}(K)=q=p^f$. ($[K:\boldsymbol{F}_p]=f$ は K が $\boldsymbol{F}_p$ 上 f 次の拡大体であることを意味する.)

(ii) p を素数，$q=p^f\ (f\geqq 1)$ を p のべきとする．Ω を標数 p の代数閉体とする．このとき Ω に含まれる体 $\boldsymbol{F}_q$ で $\mathrm{Card}(\boldsymbol{F}_q)=q$ となるものが一意的に存在する．$\boldsymbol{F}_q$ は方程式 $X^q-X=0$ の Ω における根全体から成る．

(iii) $q=p^f$ 個の元から成る有限体は全て $\boldsymbol{F}_q$ と同形である．——

もし K が有限体ならば $\boldsymbol{Q}$ は K には含まれない．ゆえに K の標数は $p>0$ (素数) である．このことから (i) は明らかに成り立つ．

さて，Ω が標数 p の代数閉体ならば，上の補題により Ω の元 x を x^q へ写す写像は Ω の自己同形となる．実際この写像は $\sigma: x\to x^p$ の f べきであり，Ω が代数閉体であることにより σ は全射となる．$x\longmapsto x^q$ によって不変である Ω の元 x 全体 $\boldsymbol{F}_q$ は，したがって Ω の部分体となる．$\boldsymbol{F}_q$ は q 個の元から成る．実際，多項式 X^q-X の微分

$$qX^{q-1}-1=p\cdot p^{f-1}X^{q-1}-1=-1$$

は 0 ではないから $X^q-X=0$ は代数閉体 Ω の中で q 個の相異なる元を持つ．逆に，K を q 個の元から成る Ω の部分体としよう．乗法群 K^* は $q-1$ 個の K の 0 と異なる元から成るから $x\in K$ に対して $x^{q-1}=1$，したがって $x\in K$ に対して $x^q=x$．これは $K\subset\boldsymbol{F}_q$ を意味する．$\mathrm{Card}(\boldsymbol{F}_q)=\mathrm{Card}(K)$ だから $K=\boldsymbol{F}_q$．したがって (ii) が得られた．

最後に，$q=p^f$ 個の元から成る体は代数閉体 Ω の中に同形写像によって写されるから，(iii) は (ii) から導かれる．

1.2 有限体の乗法群

pを素数，fを$\geqq 1$なる整数，$q=p^f$とする．

定理 2 有限体$\boldsymbol{F}_q$の乗法群$\boldsymbol{F}_q^*$は位数$q-1$の巡回群である．——

dを$\geqq 1$なる整数とするとき，dの **Euler 関数**，すなわち$1\leqq x\leqq d$なる整数xでdと素(つまりxの$\boldsymbol{Z}/d\boldsymbol{Z}$における類が$\boldsymbol{Z}/d\boldsymbol{Z}$の生成元となるもの)となるもの全体の個数を$\varphi(d)$と表わすことを想い起こそう．

証明を進めるためにいくつかの補題を準備する．

補題 1 nを$\geqq 1$なる整数とすれば$n=\sum_{d|n}\varphi(d)$.
(ここで$d|n$はdがnの約数であることを意味する．) ——

dがnの約数であるとき巡回群$\boldsymbol{Z}/n\boldsymbol{Z}$はただ一つの位数$d$の部分群$C_d$を持つ．$\Phi_d$を$C_d$の生成元全体から成る集合としよう．$\boldsymbol{Z}/n\boldsymbol{Z}$の位意の元は或る$C_d$の生成元となるから$\boldsymbol{Z}/n\boldsymbol{Z}$は$\Phi_d$の直和となり，

$$n=\mathrm{Card}(\boldsymbol{Z}/n\boldsymbol{Z})=\sum_{d|n}\mathrm{Card}(\Phi_d)=\sum_{d|n}\varphi(d).$$

補題 2 Hを位数nの有限群とする．もしも，nの任意の約数dに対して，Hの元xで$x^d=1$を満たすものは高々d個しかないなら，Hは巡回群である．
——

dをnの約数とする．もしも位数dの$x\in H$があればxによって生成される部分群$\langle x\rangle=\{1, x, \cdots, x^{d-1}\}$は位数$d$の巡回群である．仮定により$y\in H$は$y^d=1$を満たせば$\langle x\rangle$に属する．特に$y$の位数が$d$ならば$y$は$\langle x\rangle$の生成元であり，その逆も成り立つ．$\langle x\rangle$の生成元の個数は$\varphi(d)$であった．したがって，$H$の位数$d$の元の個数$r_d$は0または$\varphi(d)$に等しい．ところが，或る$n$の約数$d$について$r_d=0$ならば$n=\sum_{d|n}\varphi(d)$より$H$の元の個数は$n$より小さくなることがわかり，これは仮定に反する．特に$d=n$と置けば，Hの位数nの元xがあり，$H=\langle x\rangle$となる．——

定理2は補題2から導かれる．実際$H=\boldsymbol{F}_q^*$, $n=q-1$と置けば，d次方程式

$x^d=1$ が $\boldsymbol{F}_q$ に高々 d 個の根しか持たないことは明らかだからである.

注意 上の証明からわかるように，或る体の乗法群の有限部分群は全て巡回群である.

§2 有限体上の方程式

q を素数 p のべき，K を q 個の元から成る有限体とする.

2.1 べき乗和

補題 u を $\geqq 0$ なる整数とする．和 $S(X^u)=\sum_{x\in K} x^u$ は $u\geqq 1$ かつ u が $q-1$ の倍数ならば -1 に等しく，その他の場合には 0 に等しい.

(ここで $u=0$ の場合，$x^u=1$ ($x=0$ のときも) とする.) ——

もし $u=0$ ならば和 $S(X^u)$ の各項は 1 に等しいから $S(X^u)=q\cdot 1=0$ である (K の標数は p だから).

$u\geqq 1$ で，u が $q-1$ の倍数ならば $0^u=0$，また $x\neq 0$ のとき $x^u=1$ だから $S(X^u)=(q-1)1=-1$.

また $u\geqq 1$ で，u が $q-1$ の倍数でなければ，K^* が位数 $q-1$ の巡回群であること (定理 2) により，$y\in K^*$ で $y^u\neq 1$ を満たす y がある．このとき

$$S(X^u)=\sum_{x\in K^*} x^u=\sum_{x\in K^*} y^u x^u=y^u S(X^u),$$

したがって $(1-y^u)S(X^u)=0$，ゆえに $S(X^u)=0$ となる.

(別証：$u\geqq 2$，u を $q-1$ の約数，$uu'=q-1$ ($u'>1$) の場合を考える．このとき $\{x^u\,|\,x\in K^*\}$ は明らかに K 上の方程式 $X^{u'}=1$ の根全体の集合となり，$\{x^u\,|\,x\in K^*\}=\{\alpha_1,\cdots,\alpha_{u'}\}$ と置けば $X^{u'}-1=(X-\alpha_1)\cdots(X-\alpha_{u'})$，したがって $\alpha_1+\cdots+\alpha_{u'}=0$．すなわち $S(X^u)=0$ となる．u が $q-1$ の約数でない場合には，u と $q-1$ の最大公約数を考えることによって同様の結論が得られる.)

2.2 Chevalley の定理

定理 3 (Chevalley-Warning) 有限個の n 変数多項式

$$f_\alpha \in K[X_1, \cdots, X_n]$$

が与えられ，$\sum \deg(f_\alpha) < n$ とする．V を K^n の中の，f_α の全ての共通零点集合とすると

$$\mathrm{Card}(V) \equiv 0 \pmod{p}. \qquad ——$$

$P = \prod_\alpha (1 - f_\alpha^{q-1})$ と置き $x \in K^n$ としよう．もし $x \in V$ ならば $f_\alpha(x)$ は全て 0 だから $P(x)=1$ となり，$x \notin V$ ならば $f_\alpha(x) \neq 0$ を満たす α が存在し，このとき $f_\alpha(x)^{q-1}=1$ だから $P(x)=0$．こうして P は V の特性関数となることがわかる．任意の $f \in K[X_1, \cdots, X_n]$ に対して $S(f) = \sum_{x \in K^n} f(x)$ と置けば，

$$\mathrm{Card}(V) \equiv S(P) \pmod{p}$$

だから，$S(P)=0$ を示せば証明が完了する．

さて，仮定 $\sum \deg(f_\alpha) < n$ により

$$\deg(P) < n(q-1)$$

だから P は単項式

$$X^u = X_1^{u_1} \cdots X_n^{u_n}$$

の 1 次結合であり，$\sum u_i < n(q-1)$ である．上のような単項式 X^u について $S(X^u)=0$ が成り立つことを示せばよいが，u_i の中少なくとも 1 つは $< q-1$ だから補題によって望む結果が得られる．

系 1 もしも $\sum \deg(f_\alpha) < n$，しかも $f_\alpha(0)=0$ が全ての α について成り立てば，f_α の共通零点で 0 以外のものが存在する．——

実際，もし $V=\{0\}$ ならば $\mathrm{Card}(V)=1$ となり $\mathrm{Card}(V) \equiv 0 \pmod{p}$ と矛盾する．

系 1 は f_α が同次多項式である場合に適用され，特別の場合として次の系 2 が得られる．

系 2 K 上の 2 次形式は 3 個以上の変数を持てば自明でない 0 を持つ．

(幾何学的に表現すれば，有限体上の円錐曲面は有理点を持つ.)

§3 平方剰余の相互法則

3.1 $\boldsymbol{F}_q$ の平方数

q を素数 p のべきとする.

定理 4 (a) $p=2$ ならば $\boldsymbol{F}_q$ の任意の元 x は平方数である.

(すなわち，$x=y^2$ となる $\boldsymbol{F}_q$ の元 y がある.)

(b) $p\neq 2$ ならば $\boldsymbol{F}_q^*$ に含まれる平方数全体の集合は $\boldsymbol{F}_q^*$ の指数 2 の部分群をなす. この部分群は準同形 $\boldsymbol{F}_q^*\ni x\longmapsto x^{(q-1)/2}\in\{\pm 1\}$ の核である.

(すなわち準同形の完全系列：

$$1\longrightarrow \boldsymbol{F}_q^{*2}\longrightarrow \boldsymbol{F}_q^*\longrightarrow \{\pm 1\}\longrightarrow 1$$

が得られる.) ——

(a)は，$p=2$ のとき，$\boldsymbol{F}_q\ni x\longmapsto x^2\in\boldsymbol{F}_q$ が自己同形であることから導かれる.

$p\neq 2$ のとき，Ω を $\boldsymbol{F}_q$ の代数的閉包とし $x\in\boldsymbol{F}_q^*$ に対して $y\in\Omega$ を $y^2=x$ を満たすようにとろう. $x^{q-1}=1$ より

$$y^{q-1}=x^{(q-1)/2}=\pm 1$$

である.

x が $\boldsymbol{F}_q$ の平方数であるためには y が $\boldsymbol{F}_q$ に属すること，すなわち，$y^{q-1}=1$ となることが必要十分である. したがって $\boldsymbol{F}_q^{*2}$ は $x\longmapsto x^{(q-1)/2}$ の核であることがわかった. さらに $\boldsymbol{F}_q^*$ は位数 $q-1$ の巡回群だから $(\boldsymbol{F}_q^*:\boldsymbol{F}_q^{*2})=2$.

3.2 Legendre 記号(初等的場合)

定義 p を奇素数，$x\in\boldsymbol{F}_p^*$ とする. $x^{(p-1)/2}=\pm 1$ を x の **Legendre 記号**と呼び$\left(\dfrac{x}{p}\right)$で表わす. ——

$x=0$ のときにも$\left(\dfrac{0}{p}\right)=0$ と置いて $\boldsymbol{F}_p$ の任意の元 x に対して上の記号を定義

しよう．また $x\in \boldsymbol{Z}$ に $x'\in \boldsymbol{F}_p$ が対応するとき（すなわち $\boldsymbol{Z}$ から $\boldsymbol{F}_p=\boldsymbol{Z}/p\boldsymbol{Z}$ への標準的射影を π_p とするとき $x'=\pi_p(x)$）$\left(\dfrac{x}{p}\right)=\left(\dfrac{x'}{p}\right)$ と置く．

$\left(\dfrac{x}{p}\right)\left(\dfrac{y}{p}\right)=\left(\dfrac{xy}{p}\right)$ だから Legendre 記号は“指標(character)”となる（第6章§1参照）．定理4から見られるように $\left(\dfrac{x}{p}\right)=1$ と $x\in \boldsymbol{F}_p^{*2}$ は同値である．また $x\in \boldsymbol{F}_p^*$ に対して $\boldsymbol{F}_p$ の代数的閉包の元 y を $x=y^2$ を成り立たせるように選べば $\left(\dfrac{x}{p}\right)=y^{p-1}$ である．

$x=1,-1,2$ の場合の $\left(\dfrac{x}{p}\right)$ の計算

奇数 n に対して $\boldsymbol{Z}/2\boldsymbol{Z}$ の元 $\varepsilon(n),\omega(n)$ を次のように定める：

$$\varepsilon(n)\equiv\frac{n-1}{2}\pmod 2=\begin{cases}0 & n\equiv 1 \pmod 4\\ 1 & n\equiv -1 \pmod 4\end{cases}$$

$$\omega(n)\equiv\frac{n^2-1}{8}\pmod 2=\begin{cases}0 & n\equiv \pm 1 \pmod 8\\ 1 & n\equiv \pm 5 \pmod 8).\end{cases}$$

[$\varepsilon:(\boldsymbol{Z}/4\boldsymbol{Z})^*\to\boldsymbol{Z}/2\boldsymbol{Z}$, $\omega:(\boldsymbol{Z}/8\boldsymbol{Z})^*\to\boldsymbol{Z}/2\boldsymbol{Z}$ はそれぞれ準同形である．]

定理 5 次の式が成り立つ：

(i) $\left(\dfrac{1}{p}\right)=1$

(ii) $\left(\dfrac{-1}{p}\right)=(-1)^{\varepsilon(p)}$

(iii) $\left(\dfrac{2}{p}\right)=(-1)^{\omega(p)}$. ——

(i),(ii) は容易に分かるから，(iii) についてのみ証明を行なう．Ω を $\boldsymbol{F}_p$ の代数的閉包，$\alpha\in\Omega$ を1の原始8乗根としよう．すると $\alpha^4=-1$ より $\alpha^2+\alpha^{-2}=0$，これから $(\alpha+\alpha^{-1})^2=2$ が導かれる．$y=\alpha+\alpha^{-1}$ と置くと $y^p=\alpha^p+\alpha^{-p}$ である．

もし $p\equiv\pm1 \pmod 8$ ならば $\alpha^p=\alpha^{\pm1}$ だから $y^p=y$，ゆえに $\left(\dfrac{2}{p}\right)=y^{p-1}=1$.

もし $p\equiv\pm5 \pmod 8$ ならば，$\alpha^4=-1$ より

$$y^p=\alpha^5+\alpha^{-5}=-(\alpha+\alpha^{-1})=-y.$$

ゆえに $\left(\dfrac{2}{p}\right)=y^{p-1}=-1$.

注意 定理5の内容は次のようにも表現される：

-1 が p を法として平方剰余となる $\Longleftrightarrow p\equiv 1 \pmod 4$

2 が p を法として平方剰余となる $\Longleftrightarrow p\equiv \pm 1 \pmod 8$.

3.3 平方剰余の相互法則

l, p を相異なる奇素数とする．次の定理を**平方剰余の相互法則**という．

定理 6 (Gauss) $\left(\frac{l}{p}\right)=\left(\frac{p}{l}\right)(-1)^{\varepsilon(l)\varepsilon(p)}$ が成り立つ． ——

Ω を $\boldsymbol{F}_p$ の代数的閉包，$w\in\Omega$ を1の原始 l 乗根とする．$x\in\boldsymbol{F}_l$ に対して w^x は意味を持つ ($w^l=1$ だから)．ここで "Gauss 和" を次のように定めよう：

$$y=\sum_{x\in\boldsymbol{F}_l}\left(\frac{x}{l}\right)w^x.$$

補題 1 $y^2=(-1)^{\varepsilon(l)}l$ (ただし $\pi_p(l)$ をまた l と書いた.) ——

実際

$$y^2=\sum_{t,z}\left(\frac{tz}{l}\right)w^{t+z}=\sum_{u\in\boldsymbol{F}_l}w^u\left(\sum_{t\in\boldsymbol{F}_l}\left(\frac{t(u-t)}{l}\right)\right)$$

だが，$t\neq 0$ のとき

$$\left(\frac{t(u-t)}{l}\right)=\left(\frac{-t^2}{l}\right)\left(\frac{1-ut^{-1}}{l}\right)=(-1)^{\varepsilon(l)}\left(\frac{1-ut^{-1}}{l}\right)$$

だから

$$(-1)^{\varepsilon(l)}y^2=\sum_{u\in\boldsymbol{F}_l}C_uw^u,\qquad ただし\quad C_u=\sum_{t\in\boldsymbol{F}_l^*}\left(\frac{1-ut^{-1}}{l}\right).$$

さて $u=0$ ならば $C_0=\sum_{t\in\boldsymbol{F}_l^*}\left(\frac{1}{l}\right)=l-1$ だが，$u\neq 0$ ならば $s=1-ut^{-1}\in\boldsymbol{F}_l-\{1\}$ であり

$$C_u=\left(\sum_{s\in\boldsymbol{F}_l}\left(\frac{s}{l}\right)\right)-\left(\frac{1}{l}\right).$$

ここで $(\boldsymbol{F}_l^*:\boldsymbol{F}_l^{*2})=2$ だから $\sum_{s\in\boldsymbol{F}_l}\left(\frac{s}{l}\right)=0$，したがって $C_u=-\left(\frac{1}{l}\right)=-1$ となる．

ゆえに

$$\sum_{u\in F_l} C_u w^u = l-1-\sum_{u\in F_l^*} w^u.$$

ところが，

$$X^l-1=(X-1)\prod_{u\in F_l^*}(X-w^u).$$

ゆえに

$$\sum_{u\in F_l^*} w^u = -1,$$

したがって

$$\sum_{u\in F_l} C_u w^u = l.$$

よって補題は証明された.

補題 2　$y^{p-1}=\left(\frac{p}{l}\right)$. ——

ch $\Omega=p$, $p\neq l$ だから

$$y^p=\sum_{x\in F_l}\left(\frac{x}{l}\right)w^{xp}=\sum_{z\in F_l}\left(\frac{zp^{-1}}{l}\right)w^z=\left(\frac{p^{-1}}{l}\right)y=\left(\frac{p}{l}\right)y.$$

ゆえに $y^{p-1}=\left(\frac{p}{l}\right)$.

さて，上の補題から $y^{p-1}=\pm 1$. 一方 $y\in \boldsymbol{F}_p \Leftrightarrow y^{p-1}=1$ に注意すれば，補題 1, 2 により

$$\left(\frac{(-1)^{\varepsilon(l)}l}{p}\right)=y^{p-1}=\left(\frac{p}{l}\right).$$

一方，定理 5 によって

$$\left(\frac{(-1)^{\varepsilon(l)}}{p}\right)=(-1)^{\varepsilon(l)\varepsilon(p)}$$

だから定理 6 が得られる.

注意 1 l が p を法として平方であるとき(すなわち l が p を法として“平方剰余”であるとき) lRp と書き，そうではないとき lNp と記そう．定理6はこの記法を用いれば次のように表現される．

$$p \text{ または } l \equiv 1 \pmod 4 \quad \text{のとき} \quad lRp \Longleftrightarrow pRl$$

$$p \text{ および } l \equiv -1 \pmod 4 \quad \text{のとき} \quad lRp \Longleftrightarrow pNl.$$

注意 2 定理6を用いてLegendre記号を計算することができる．以下のように次々と簡単な場合の計算に帰着させるのである．

$$\left(\frac{29}{43}\right)=\left(\frac{43}{29}\right)=\left(\frac{14}{29}\right)=\left(\frac{2}{29}\right)\left(\frac{7}{29}\right)=-\left(\frac{7}{29}\right)=-\left(\frac{29}{7}\right)=-\left(\frac{1}{7}\right)=-1.$$

補 遺

平方剰余の相互法則の別証 (G. Eisenstein, F. Crelle, 29, 1845, p. 177-184).

(i) **Gaussの補題**

p を奇素数とし，$S \subset \boldsymbol{F}_p^*$ を $\boldsymbol{F}_p^* = S \cup (-S)$, $S \cap (-S) = \phi$ が成り立つようにとる．以下では $S=\left\{1, \cdots, \dfrac{p-1}{2}\right\}$ とする．$s \in S$, $a \in \boldsymbol{F}_p^*$ のとき as は次のように表わされる．

$$as = e_s(a) s_a, \quad \text{ただし} \quad e_s(a) = \pm 1, \quad s_a \in S.$$

補題 (Gauss) $$\left(\frac{a}{p}\right) = \prod_{s \in S} e_s(a).$$ —

まず，s, s' を S の相異なる元とするとき $s_a \neq s'_a$ となることに注意しよう．($s_a = s'_a$ ならば $s = -s'$ となり，S のとり方に矛盾する！) したがって $s \longmapsto s_a$ によって S から S 自身への全単射が得られる．$as = e_s(a) s_a$ において s を S の元全てにわたって動かし積をとろう．すると

$$a^{(p-1)/2} \prod_{s \in S} s = \left(\prod_{s \in S} e_s(a)\right) \prod_{s \in S} s_a = \left(\prod_{s \in S} e_s(a)\right) \prod_{s \in S} s.$$

よって

$$a^{(p-1)/2}=\prod_{s\in S}e_s(a)$$

が得られるが，$\left(\dfrac{a}{p}\right)=a^{(p-1)/2}$ だから補題が示された．

例　$a=2$，$S=\{1,\cdots,(p-1)/2\}$ としよう．このとき $2s\leqq\dfrac{p-1}{2}$ ならば $e_s(2)=1$，そうでなければ $e_s(2)=-1$ である．したがって $n(p)$ を $\dfrac{p-1}{4}<s\leqq\dfrac{p-1}{2}$ を満たす整数 s の個数とすると $\left(\dfrac{2}{p}\right)=(-1)^{n(p)}$ となる．$p=1+4k$ ならば $n(p)=k$，$p=3+4k$ ならば $n(p)=k+1$ である．このことから，$p\equiv\pm1\pmod 8$ のとき $\left(\dfrac{2}{p}\right)=1$，$p\equiv\pm5\pmod 8$ のとき $\left(\dfrac{2}{p}\right)=-1$ となることが導かれる（定理5参照）．

一方，$e_s(-1)=-1$ だから $\left(\dfrac{-1}{p}\right)=(-1)^{\varepsilon(p)}$ が直ちに得られる．

(ii)　3角法の補題

補題　m を正奇数とすると次の等式が成り立つ．

$$\frac{\sin mx}{\sin x}=(-4)^{(m-1)/2}\prod_{1\leqq j\leqq(m-1)/2}\left(\sin^2x-\sin^2\frac{2\pi j}{m}\right).\qquad ——$$

これは容易に確かめられる．（訳注：例えば $e^{imx}=(\cos x+i\sin x)^m$ $(=\cos mx+i\sin mx)$ の二項展開の虚部をしらべることによって $\sin mx/\sin x$ が $\sin^2 x$ の $(m-1)/2$ 次多項式になること，またその最高次の係数が $(-4)^{(m-1)/2}$ となることがわかる．さらに，この多項式の根として $\sin^2\dfrac{2\pi j}{m}$ $(1\leqq j\leqq(m-1)/2)$ があることもわかる．）

(iii)　相互法則の証明

l,p を相異なる奇素数，$S=\{1,\cdots,(p-1)/2\}$ とする．Gauss の補題によって

$$\left(\frac{l}{p}\right)=\prod_{s\in S}e_s(l).$$

ところで $ls=e_s(l)s_l$ より

$$\sin\frac{2\pi}{p}ls=e_s(l)\sin\frac{2\pi}{p}s_l.$$

この等式において s を $1, \cdots, (p-1)/2$ と動かして積をとろう．$s \longmapsto s_l$ が全単射であることに注意すれば

$$\left(\frac{l}{p}\right) = \prod_{s\in S} e_s(l) = \prod_{s\in S} \sin\frac{2\pi ls}{p} \Big/ \sin\frac{2\pi s}{p}.$$

ここで $m=l$ として3角法の補題を用いると

$$(1) \qquad \left(\frac{l}{p}\right) = \prod_{s\in S} (-4)^{(l-1)/2} \prod_{t\in T}\left(\sin^2\frac{2\pi s}{p} - \sin^2\frac{2\pi t}{l}\right)$$

$$= (-4)^{(l-1)(p-1)/4} \prod_{s\in S,\, t\in T}\left(\sin^2\frac{2\pi s}{p} - \sin^2\frac{2\pi t}{l}\right)$$

(ただし $T=\{1, 2, \cdots, (l-1)/2\}$)．$l, p$ の役割を取り換えると上と同様に

$$(2) \qquad \left(\frac{p}{l}\right) = (-4)^{(p-1)(l-1)/4} \prod_{s\in S,\, t\in T}\left(\sin^2\frac{2\pi t}{l} - \sin^2\frac{2\pi s}{p}\right).$$

$S\times T$ は $(p-1)(l-1)/4$ 個の元から成るから (1), (2) より

$$\left(\frac{l}{p}\right) = \left(\frac{p}{l}\right)(-1)^{(p-1)(l-1)/4}$$

が得られる．これは平方剰余の相互法則に他ならない．

第2章　p 進　体

本章では p は素数を表わす.

§1　環 $\boldsymbol{Z}_p$ と体 $\boldsymbol{Q}_p$

1.1 定　　義

任意の自然数 $n \geqq 1$ に対し $A_n = \boldsymbol{Z}/p^n\boldsymbol{Z}$ と置こう. A_n は p^n を法とする整数の剰余類から成る環である. A_n の任意の元に対して自然な仕方で A_{n-1} の元が定まり, 準同形

$$\varphi_n : A_n \longrightarrow A_{n-1}$$

が得られる. φ_n は全射であり, φ_n の核は $p^{n-1}A_n$ である.

準同形の列：

$$\cdots \to A_n \to A_{n-1} \to \cdots \to A_2 \to A_1$$

は"射影系"を成し, 1以上の自然数の集合を添数集合とする.

定義 1　上に定義された系 (A_n, φ_n) の射影的極限を p 進整数環と呼び $\boldsymbol{Z}_p$ と表わす. ——

定義により $\boldsymbol{Z}_p = \varprojlim (A_n, \varphi_n)$ の元は列 $x = (\cdots, x_n, \cdots, x_1)$ で

$$x_n \in A_n, \qquad \varphi(x_n) = x_{n-1} \qquad (n \geqq 2)$$

を満たすものである. $\boldsymbol{Z}_p$ の元 $x = (\cdots, x_n, \cdots, x_1)$, $y = (\cdots, y_n, \cdots, y_1)$ の和, 積は $x + y = (\cdots, x_n + y_n, \cdots, x_1 + y_1)$, $xy = (\cdots, x_n y_n, \cdots, x_1 y_1)$ によって定められる. $\boldsymbol{Z}_p$ は, 従って直積環 $\prod_{n \geqq 1} A_n$ の部分環である. A_n に離散位相を与えるとき

$\boldsymbol{Z}_p$ は直積空間 $\prod_{n\geqq 1} A_n$ の部分空間の構造を持ち，コンパクト位相空間となる．($\prod_{n\geqq 1} A_n$ はコンパクト，$\boldsymbol{Z}_p$ はその閉集合だから！)

$\pi_n: \boldsymbol{Z}\to A_n$ を標準的射影とする．$a\in \boldsymbol{Z}$ と $(\cdots, \pi_n(a), \cdots, \pi_1(a))$ とを同一視して $\boldsymbol{Z}$ を $\boldsymbol{Z}_p$ の部分環と見なすことができる．

1.2 $\boldsymbol{Z}_p$ の性質

$\varepsilon_n: \boldsymbol{Z}_p\to A_n$ を，$\boldsymbol{Z}_p$ の元 $x=(\cdots, x_n, \cdots, x_1)$ に第 n 成分 $x_n\in A_n$ を対応させる写像とする．

命題 1
$$0\to \boldsymbol{Z}_p \xrightarrow{p^n} \boldsymbol{Z}_p \xrightarrow{\varepsilon_n} A_n \to 0$$
<u>は完全系列である．</u>

(この命題により $\boldsymbol{Z}_p/p^n\boldsymbol{Z}_p$ と $A_n=\boldsymbol{Z}/p^n\boldsymbol{Z}$ を同一視することができる．) ——

p による乗法 $p: x\longmapsto px$ は $\boldsymbol{Z}_p$ からそれ自身への単射である (したがって p^n による乗法も単射である)．実際もし $x=(x_n)\in \boldsymbol{Z}_p$ が $px=0$ を満たせば任意の $n\geqq 1$ に対し $px_{n+1}\equiv 0 \pmod{p^{n+1}}$，ゆえに $x_{n+1}=p^n y_{n+1}$ $(y_{n+1}\in A_{n+1})$ と書ける．$x_n=\varphi(x_{n+1})$ だからこのとき $x_n=0$．これが任意の $n\geqq 1$ について成り立つから $x=0$ である．

$\mathrm{Ker}\ \varepsilon_n\supset p^n\boldsymbol{Z}_p$ は明らかである．逆に $x=(x_m)\in \mathrm{Ker}\ \varepsilon_n$ ならば $x_m\equiv 0 \pmod{p^n}$ が任意の $m\geqq n$ について成り立つ．このことから A_{m-n} の元 y_{m-n} が存在し $x_m=p^n y_{m-n}$ が成り立つことが導かれる．$y=(y_i)$ と置けばこれは $\boldsymbol{Z}_p=\varprojlim A_i$ の元であり $p^n y=x$．すなわち $\mathrm{Ker}\ \varepsilon_n=p^n\boldsymbol{Z}_p$ が示された．ε_n が全射であることは明らかである．

命題 2 (a) <u>$\boldsymbol{Z}_p$ (または A_n) の元 x が可逆であるための必要十分条件は x が p の倍数とは異なることである．</u>

(b) <u>$\boldsymbol{Z}_p$ の可逆元全体からなる群を $\boldsymbol{U}$ と表わせば，$\boldsymbol{Z}_p$ の零とは異なる任意の元 x に対して一意的に $u\in \boldsymbol{U}$，$n\geqq 0$ が存在し，$x=p^n u$ と書ける．</u> ($\boldsymbol{U}$ の元は

p **進単数**と呼ばれる.) ——

(a) を示すためには $x\in A_n$ の場合について証明すれば十分である ($x\in\boldsymbol{Z}_p$ の場合は $x\in A_n$ の場合の命題から導かれる).

$x\in A_n$ が pA_n に属さなければ x の $A_1=\boldsymbol{F}_p$ への像は 0 ではなく，したがって可逆である．ゆえに A_n の元 y, z があり $xy=1-pz$ が成り立つ．したがって $xy(1+pz+\cdots+p^{n-1}z^{n-1})=1$, ゆえに x は A_n の可逆元である．

一方，$x\in\boldsymbol{Z}_p$, $x\neq 0$ ならば $x_m=\varepsilon_m(x)=0$ を成り立たせる m の中の最大元 n がある．このとき，$x=p^n u$ で u は p の倍数ではないから (a) により $u\in\boldsymbol{U}$. x の分解の一意性は明らかである．

記法　x を $\boldsymbol{Z}_p$ の 0 とは異なる元とし，$x=p^n u$ ($u\in\boldsymbol{U}$) と表わそう．整数 n は x の p **進付値**と呼ばれ $v_p(x)$ と記される．$v_p(0)=+\infty$ と置く．定義より

$$v_p(xy) = v_p(x)+v_p(y)$$

$$v_p(x+y) \geqq \operatorname{Inf}(v_p(x), v_p(y))$$

が得られる．上式より直ちに $\boldsymbol{Z}_p$ は整域であることがわかる．

命題 3　$x, y\in\boldsymbol{Z}_p$ に対して

$$d(x, y) = e^{-v_p(x-y)}$$

と置けば，d は $\boldsymbol{Z}_p$ の計量となる．$\boldsymbol{Z}_p$ はこの計量に関して完備な距離空間となり $\boldsymbol{Z}$ を稠密な部分空間として含む. ——

d が計量となることは明らかである．$v_p(x)\geqq n \Longleftrightarrow x\in p^n\boldsymbol{Z}_n$. ゆえにイデアル $p^n\boldsymbol{Z}_p$ ($n\geqq 0$) が 0 の基本近傍系を成す．$\boldsymbol{Z}_p$ はコンパクトだから完備である．また $x=(x_n)\in\boldsymbol{Z}_p$, $y_n\in\boldsymbol{Z}$ を $y_n\equiv x_n \pmod{p^n}$ とすれば $\lim y_n=x$. ゆえに $\boldsymbol{Z}$ は $\boldsymbol{Z}_p$ の中で到る所稠密である．

1.3　体　$\boldsymbol{Q}_p$

定義 2　整域 $\boldsymbol{Z}_p$ の商体を p **進体**と呼び $\boldsymbol{Q}_p$ と表わす. ——

$\boldsymbol{Q}_p^*$ の任意の元 x は $x=p^n u$ ($n\in\boldsymbol{Z}$, $u\in\boldsymbol{U}$) と一意的に分解される．ここでも

n を x の p 進付値と呼び $v_p(x)$ と表わす．$v_p(x) \geqq 0 \Longleftrightarrow x \in \boldsymbol{Z}_p$ である．

命題 4 $\boldsymbol{Q}_p$ は計量 $d(x, y)=e^{-v_p(x-y)}$ を持つ局所コンパクト距離空間であり，$\boldsymbol{Z}_p$ はその開部分環，$\boldsymbol{Q}$ は $\boldsymbol{Q}_p$ の中で到る所稠密である．——

この命題は $\boldsymbol{Q}_p$ の任意の元 x が $x=p^n u$ $(n \in \boldsymbol{Z},\ u \in \boldsymbol{U} \subset \boldsymbol{Z}_p)$ と書かれることから明らかである．

注意 （1） $\boldsymbol{Q}_p$（または $\boldsymbol{Z}_p$）は $\boldsymbol{Q}$（または $\boldsymbol{Z}$）の p 進計量 d に関する完備化としても定義され得る．

（2） 計量 d に関して ultra 計量不等式

$$d(x, z) \leqq \mathrm{Sup}(d(x, y), d(y, z))$$

が成り立つ．この事実より容易にわかるように，点列 u_n は $\lim(u_{n+1}-u_n)=0$ のとき，また，そのときに限って収束する．同様に，級数 $\sum u_n$ は $\lim u_n=0$ のとき，またそのときに限って極限値を持つ．

§2 p 進方程式

2.1 方程式の解

補題
$$\cdots \to X_n \to X_{n-1} \to \cdots \to X_1$$
を射影系，$X=\varprojlim X_n$ とする．各 X_n が空集合とは異なる有限集合ならば，$X \neq \phi$. ——

もしも $X_n \to X_{n-1}$ が全て全射ならば，$X \neq \phi$ となることは明らかである．一般の場合にもこの場合に帰着させることができる．n を一つ固定し，$X_{n,p}$ を X_{n+p} の X_n への像とすれば，$p<q$ のとき $X_{n,p} \supset X_{n,q}$，$X_{n,p} \neq \phi$. 各 $X_{n,p}$ は有限だから，p が十分大きいとき，$X_{n,p}$ は p には関係せずにきまる X_n の部分集合となる．こうして定まる X_n の部分集合を Y_n と記せば，$X_n \to X_{n-1}$ によって Y_n は Y_{n-1} の上へ写される．$Y_n \neq \phi$ だから上に注意したように $\varprojlim Y_n \neq \phi$，したがって $\varprojlim X_n \neq \phi$.

記法 $\boldsymbol{Z}_p$ 係数の多項式

$$f=\sum_{(i_1\cdots i_m)} a_{(i_1\cdots i_m)}\prod_{j=1}^{m} X_j^{i_j}\in \boldsymbol{Z}_p[X_1,\cdots,X_m]$$

と自然数 $n\geqq 1$ が与えられたとき,

$$f_n=\sum_{(i_1\cdots i_m)} \varepsilon_n(a_{(i_1\cdots i_m)})\prod_{j=1}^{m} X_j^{i_j}$$

と記す. f_n は A_n 係数の多項式で f から "reduction (mod p^n)" によって得られる.

命題 5 $f^{(i)}\in \boldsymbol{Z}_p[X_1,\cdots,X_m]\,(i\in I)$ のとき次の(i),(ii)は同値である.

(i) $f^{(i)}\,(i\in I)$ は $(\boldsymbol{Z}_p)^m$ に共通零点を持つ.

(ii) 全ての $n\geqq 1$ に対し $f_n^{(i)}\,(i\in I)$ は $(A_n)^m$ に共通零点を持つ. ——

X, X_n をそれぞれ $f^{(i)}, f_n^{(i)}\,(i\in I)$ の共通零点集合とする. X_n は有限集合で $X=\varprojlim X_n$. 上の補題より $X\neq\phi$ と $X_n\neq\phi\,(n\geqq 1)$ は同値だから命題が成り立つ.

$(\boldsymbol{Z}_p)^m$ の点 $x=(x_1,\cdots,x_m)$ は x_i の中の少なくとも1個が可逆元であるとき, すなわち x_i の中に p の倍数とはならないものがあるとき, **原始的**であると呼ばれる. $(A_n)^m$ の点についても同様ないい方をする.

命題 6 $f^{(i)}\in \boldsymbol{Z}_p[X_1,\cdots,X_m]\,(i\in I)$ を同次多項式とすると次の(a),(b),(c)は同値である.

(a) $f^{(i)}\,(i\in I)$ は $(\boldsymbol{Q}_p)^m$ に自明でない共通零点を持つ.

(b) $f^{(i)}\,(i\in I)$ は $(\boldsymbol{Z}_p)^m$ に原始的共通零点を持つ.

(c) 全ての $n\geqq 1$ に対し, $f_n^{(i)}\,(i\in I)$ は $(A_n)^m$ に原始的共通零点を持つ. ——

(b)⇒(a) は自明. 逆に $x=(x_1,\cdots,x_m)$ を $f^{(i)}$ の $(\boldsymbol{Q}_p)^m$ における自明ではない共通零点としよう. ここで

$$h=\mathrm{Inf}(v_p(x_1),\cdots,v_p(x_m))\qquad y=p^{-h}x$$

と置けば, 明らかに y は $(\boldsymbol{Z}_p)^m$ の原始的元で, $f^{(i)}$ の共通零点である. したがって (b)⟺(a).

(b)$\Longleftrightarrow$(c) は上の補題から直ちに得られる.

2.2 近似解の改良

近似解，すなわち mod p^n での解から“真”の解，すなわち $\boldsymbol{Z}_p$ での解を求めることが問題である．ここで用いられるのは，“Newton の方法”の p 進類似ともいうべき次の補題である.

補題 $f\in\boldsymbol{Z}_p[X]$, f' を f の微分とする．$x\in\boldsymbol{Z}_p$, $n,k\in\boldsymbol{Z}$ で $0\leqq 2k<n$, さらに $f(x)\equiv 0 \pmod{p^n}$, $v_p(f'(x))=k$ が満たされるものとする．このとき $y\in\boldsymbol{Z}_p$ をとり

$$f(y)\equiv 0 \pmod{p^{n+1}}$$
$$v_p(f'(y))=k,\qquad y\equiv x \pmod{p^{n-k}}$$

が成り立つようにすることができる. ——

y として $x+p^{n-k}z$ ($z\in\boldsymbol{Z}_p$) という形のものをとろう．すると，$r\geqq 1$ に対して

$$(x+p^{n-k}z)^r = x^r+rx^{r-1}p^{n-k}z+p^{2n-2k}c \qquad (c\in\boldsymbol{Z}_p)$$

が成り立つから，f に対して次の“Taylor の公式”

$$f(y)=f(x)+p^{n-k}zf'(x)+p^{2n-2k}a \qquad (a\in\boldsymbol{Z}_p)$$

が成り立つ．仮定により $f(x)=p^nb$, $f'(x)=p^kc$ ($b\in\boldsymbol{Z}_p$, $c\in\boldsymbol{U}$) である．$c\in\boldsymbol{U}$ だから $z\in\boldsymbol{Z}_p$ を

$$b+zc\equiv 0 \pmod{p}$$

を成り立たせるように選ぶことができる．このとき $2n-2k>n$ だから,

$$f(y)=p^n(b+zc)+p^{2n-2k}a\equiv 0 \pmod{p^{n+1}}.$$

Taylor の公式を f' に対して用いれば $f'(y)\equiv p^kc \pmod{p^{n-k}}$ が得られるが，$n-k>k$ なので $v_p(f'(y))=k$.

定理 1 $f\in\boldsymbol{Z}_p[X_1,\cdots,X_m]$, $x=(x_i)\in(\boldsymbol{Z}_p)^m$, $n,k\in\boldsymbol{Z}$ とし，j はひとつの自然数で，$1\leqq j\leqq m$ を満たすものとする．ここで $0\leqq 2k<n$

$$f(x) \equiv 0 \pmod{p^n}, \qquad v_p\left(\frac{\partial f}{\partial X_j}(x)\right) = k$$

が成り立つならば f の $(\boldsymbol{Z}_p)^m$ における零点 y で，$y \equiv x \pmod{p^{n-k}}$ となるものが存在する．——

まず $m=1$ の場合を考えよう．$x^{(0)}=x$ と置き，上記の補題を用いると次の条件を満たす $x^{(1)} \in \boldsymbol{Z}_p$ の存在がいえる：

$$x^{(1)} \equiv x^{(0)} \pmod{p^{n-k}}, \ f(x^{(1)}) \equiv 0 \pmod{p^{n+1}}, \ v_p(f'(x^{(1)})) = k.$$

ここで n を $n+1$ で置き換え，$x^{(0)}$ を $x^{(1)}$ で置き換えて再び補題を用い，このプロセスを繰り返せば点列 $x^{(0)}, x^{(1)}, x^{(2)}, \cdots$ が得られ，$x^{(q+1)} \equiv x^{(q)} \pmod{p^{n+q-k}}$，$f(x^{(q)}) \equiv 0 \pmod{p^{n+q}}$ となる．こうして Cauchy 列が得られるが，その極限を y と書けば $f(y)=0$，$y \equiv x \pmod{p^{n-k}}$ となって，$m=1$ の場合に定理が証明された．

$m>1$ の場合は $m=1$ の場合に帰着される．$1 \leqq j \leqq m$ となる自然数 j をひとつ固定し，$\tilde{f} \in \boldsymbol{Z}_p[X_j]$ を

$$\tilde{f}(X_j) = f(x_1, x_2, \cdots, x_{j-1}, X_j, x_{j+1}, \cdots, x_m)$$

と置いて定めよう．$m=1$ の場合の考察を $\tilde{f}$ と x_j について用いれば $y_j \equiv x_j \pmod{p^{n-k}}$ で $\tilde{f}(y_j)=0$ を満たす y_j の存在がわかる．$y=(x_1, x_2, \cdots, x_{j-1}, y_j, x_{j+1}, \cdots, x_m)$ と置けば，y は f の零点で $x \equiv y \pmod{p^{n-k}}$ である．

系 1 f, x を定理と同様とし，$f(x) \equiv 0 \pmod{p}$，しかも $1 \leqq j \leqq m$ となる或る j について $v_p\left(\dfrac{\partial f}{\partial X_j}(x)\right)=0$ となるとする（すなわち x は f の reduction mod p での simple な零点である）．このとき f の $(\boldsymbol{Z}_p)^m$ における零点 y で，$y \equiv x \pmod{p}$ を満たすものがある．（すなわち x は $\boldsymbol{Z}_p$ 係数の零点 y に持ち上げられる．）——

上で $n=1$，$k=0$ とすればよい．

系 2 $p \neq 2$，$f(X)=\sum_{1 \leqq i, j \leqq m} a_{ij} X_i X_j$，$a_{ij}=a_{ji} \in \boldsymbol{Z}_p$ とし，$\det(a_{ij})$ が可逆であるとする．$a \in \boldsymbol{Z}_p$ に対し，$f(x) \equiv a \pmod{p}$ が原始的な解を持てば，その解は

$\boldsymbol{Z}_p$ 係数の $f(x)=a$ の解に持ち上げられる．——

$x\in(\boldsymbol{Z}_p)^m$ を $f(x)\equiv a\ (\mathrm{mod}\ p)$ の原始的解としよう．系1により $1\leqq j\leqq m$ となる j で $v_p\left(\dfrac{\partial f}{\partial X_j}(x)\right)=0$ を満たすようなものがあることを示せばよい．

$$\frac{\partial f}{\partial X_j}(x)=2\sum_i a_{ij}x_i$$

であるが，$\det(a_{ij})\not\equiv 0\ (\mathrm{mod}\ p)$ しかも x が原始的であることより $\dfrac{\partial f}{\partial X_j}(x)$ の中で $\not\equiv 0\ (\mathrm{mod}\ p)$ となるものがあることがわかる．

系 3 $p=2$, $f=\sum a_{ij}X_iX_j$, $a_{ij}=a_{ji}\in\boldsymbol{Z}_2$ とし $a\in\boldsymbol{Z}_2$ とする．x を $f(x)\equiv a\ (\mathrm{mod}\ 8)$ の原始解とする．$1\leqq j\leqq m$ となるある自然数 j について $\dfrac{\partial f}{\partial X_j}(x)\not\equiv 0\ (\mathrm{mod}\ 4)$ となれば，x を $\boldsymbol{Z}_2$ 係数の $f(x)=a$ の解に持ち上げることができる．特に $\det(a_{ij})$ が可逆ならば $\dfrac{\partial f}{\partial X_j}(x)\not\equiv 0\ (\mathrm{mod}\ 4)$ を満たす $j\ (1\leqq j\leqq m)$ がある．——

定理で $n=3$, $k=1$ とすれば前半の結果が得られる．後半は，系2の証明と同様にして(2の因子に注意して)得られる．

§3 $\boldsymbol{Q}_p$ の乗法群

3.1 単数群のフィルターづけ

$\boldsymbol{U}=\boldsymbol{Z}_p^*$ を p 進単数群とする．任意の $n\geqq 1$ に対して $\boldsymbol{U}_n=1+p^n\boldsymbol{Z}_p$ と置けば明らかに $\boldsymbol{U}_n$ は準同形 $\varepsilon_n:\boldsymbol{U}\to(\boldsymbol{Z}/p^n\boldsymbol{Z})^*$ の核となる．また1.2命題2からわかるように ε_n は全射である．特に商群 $\boldsymbol{U}/\boldsymbol{U}_1$ は $\boldsymbol{F}_p^*$ と同一視され，したがって位数 $p-1$ の巡回群となる(第1章定理2)．$\boldsymbol{U}_n$ は $\boldsymbol{U}$ の開部分群で，$n<m$ のとき $\boldsymbol{U}_n\supset\boldsymbol{U}_m$, また $\boldsymbol{U}=\varprojlim \boldsymbol{U}/\boldsymbol{U}_n$. $n\geqq 1$ のとき

$$(1+p^nx)(1+p^ny)\equiv 1+p^n(x+y)\quad (\mathrm{mod}\ p^{n+1})$$

が成り立つから，$1+p^nx$ に $x\ (\mathrm{mod}\ p)$ を対応させる写像によって同形

$$\boldsymbol{U}_n/\boldsymbol{U}_{n+1}\cong\boldsymbol{Z}/p\boldsymbol{Z}$$

が得られる．したがって $\mathrm{Card}(\boldsymbol{U}_1/\boldsymbol{U}_n)=p^{n-1}$.

補題 $$0 \to A \to E \to B \to 0$$
を有限可換群(群演算は加法記号によって表わす)の完全系列とし A, B の位数 a, b は互いに素であるとする．B' を $x \in E$ で $bx=0$ を満たすもの全体からなる E の部分集合とし A を E の部分群と見なすと，E は A と B' の直和であり，しかも B' は E の部分群で B と同形であるような唯一のものである．——

a, b は互いに素だから $ar+bs=1$ を満たす整数 r, s が存在する．もし $x \in A \cap B'$ ならば $ax=bx=0$ ゆえに $(ar+bs)x=x=0$，したがって $A \cap B'=\{0\}$．また任意の $x \in E$ は $x=arx+bsx$ と書けるが，$bB=\{0\}$ ゆえ $bE \subset A$，したがって $bsx \in A$；他方 $abE=\{0\}$ ゆえ $arx \in B'$．こうして $E=A \oplus B'$ となることが示された．また射影 $E \to B$ によって B' は B の上に 1 対 1 に写される．逆にもし B'' が E の部分群で B と同形ならば $bB''=\{0\}$，ゆえに $B'' \subset B$ だが B'', B はともに有限で等しい位数を持つから $B''=B$ である．

命題 7 $\boldsymbol{U}=\boldsymbol{V} \times \boldsymbol{U}_1$，ただし
$$\boldsymbol{V}=\{x \in \boldsymbol{U} \mid x^{p-1}=1\}$$
は $\boldsymbol{U}$ の部分群で $\boldsymbol{F}_p^*$ と同形となる唯一のものである．——

補題を次の完全系列に適用する：
$$1 \to \boldsymbol{U}_1/\boldsymbol{U}_n \to \boldsymbol{U}/\boldsymbol{U}_n \to \boldsymbol{F}_p^* \to 1.$$
$\boldsymbol{U}_1/\boldsymbol{U}_n$ の位数は p^{n-1}，$\boldsymbol{F}_p^*$ の位数は $p-1$ で，$(p^{n-1}, p-1)=1$ だから補題の条件は成り立つ．したがって $\boldsymbol{U}/\boldsymbol{U}_n$ は $\boldsymbol{F}_p^*$ と同形な部分群を唯一つ含むことが導かれ，その部分群を $\boldsymbol{V}_n$ と書けば，射影
$$\boldsymbol{U}/\boldsymbol{U}_n \longrightarrow \boldsymbol{U}/\boldsymbol{U}_{n-1}$$
によって，$\boldsymbol{V}_n$ は $\boldsymbol{V}_{n-1}$ の上に 1 対 1 に写される．
$$\boldsymbol{U}=\varprojlim \boldsymbol{U}/\boldsymbol{U}_n$$
だから射影的極限の考察によって $\boldsymbol{U}$ の部分群 $\boldsymbol{V}$ で $\boldsymbol{F}_p^*$ と同形になるようなものがあり，$\boldsymbol{U}=\boldsymbol{V} \times \boldsymbol{U}_1$ となることがわかる．$\boldsymbol{V}$ の一意性は $\boldsymbol{V}_n$ の一意性から導かれる．

系　体 $\boldsymbol{Q}_p$ は 1 の $p-1$ 乗根を含む.

注意 （1） 群 $\boldsymbol{V}$ は $\boldsymbol{F}_p^*$ の元の**乗法的代表**の群と呼ばれる.

（2） $\boldsymbol{V}$ の存在を証明するために，定理 1 系 1 を方程式

$$X^{p-1}-1=0$$

に適用してもよい.

3.2　群 $\boldsymbol{U}_1$ の構造

補題　$x\in \boldsymbol{U}_n-\boldsymbol{U}_{n+1}$ とし $p\neq 2$ のとき $n\geqq 1$, $p=2$ のときは $n\geqq 2$ とすると $x^p\in \boldsymbol{U}_{n+1}-\boldsymbol{U}_{n+2}$. ——

仮定により $x=1+kp^n$ ($k\not\equiv 0 \pmod p$). 2 項定理により

$$x^p = 1+kp^{n+1}+\cdots+k^p p^{np}$$

であるが，ここで書かれていない項の p 指数は $\geqq 2n+1$, ゆえに $\geqq n+2$ である. また $np\geqq n+2$ ($p=2$ のときには $n\geqq 2$ とした！) だから

$$x^p \equiv 1+kp^{n+1} \pmod{p^{n+2}}.$$

すなわち $x^p\in \boldsymbol{U}_{n+1}-\boldsymbol{U}_{n+2}$.

命題 8　$p\neq 2$ のとき $\boldsymbol{U}_1\cong \boldsymbol{Z}_p$. また $p=2$ のときは $\boldsymbol{U}_1=\{\pm 1\}\times \boldsymbol{U}_2$ で $\boldsymbol{U}_2\cong \boldsymbol{Z}_2$. ——

まず $p\neq 2$ の場合について考えよう. $\alpha\in \boldsymbol{U}_1-\boldsymbol{U}_2$ を適当に選ぶ(たとえば $\alpha=1+p$). 上の補題により $\alpha^{p^i}\in \boldsymbol{U}_{i+1}-\boldsymbol{U}_{i+2}$. α の $\boldsymbol{U}_1/\boldsymbol{U}_n$ における像を α_n と書けば $(\alpha_n)^{p^{n-i}}\neq 1$ $(2\leqq i\leqq n)$, $(\alpha_n)^{p^{n-1}}=1$ となる. ところが $\boldsymbol{U}_1/\boldsymbol{U}_n$ の位数は p^{n-1} だから α_n は $\boldsymbol{U}_1/\boldsymbol{U}_n$ の生成元となり $\boldsymbol{U}_1/\boldsymbol{U}_n$ は巡回群となる. 巡回群 $\boldsymbol{Z}/p^{n-1}\boldsymbol{Z}$ から $\boldsymbol{U}_1/\boldsymbol{U}_n$ の上への同形 $z\longmapsto \alpha_n^z$ を $\theta_{n,\alpha}$ と表わそう. すると次の可換図式が得られる：

$$\begin{array}{ccc}
\boldsymbol{Z}/p^n\boldsymbol{Z} & \xrightarrow{\theta_{n+1,\alpha}} & \boldsymbol{U}_1/\boldsymbol{U}_{n+1} \\
\downarrow & & \downarrow \\
\boldsymbol{Z}/p^{n-1}\boldsymbol{Z} & \xrightarrow{\theta_{n,\alpha}} & \boldsymbol{U}_1/\boldsymbol{U}_n
\end{array}$$

こうして $\boldsymbol{Z}_p=\varprojlim \boldsymbol{Z}/p^{n-1}\boldsymbol{Z}$ から $\boldsymbol{U}_1=\varprojlim \boldsymbol{U}_1/\boldsymbol{U}_n$ の上への同形 θ_α が得られ，$p\neq 2$ のときに命題が成り立つことが示された．

$p=2$ のときには $\alpha\in\boldsymbol{U}_2-\boldsymbol{U}_3$，すなわち $\alpha\equiv 5 \pmod 8$ とする．上と同様に，ここでも同形

$$\theta_{n,\alpha}:\boldsymbol{Z}/2^{n-2}\boldsymbol{Z}\longrightarrow \boldsymbol{U}_2/\boldsymbol{U}_n$$

が得られ，これらから同形 $\theta_\alpha:\boldsymbol{Z}_2\xrightarrow{\cong}\boldsymbol{U}_2$ が得られる．さらに準同形

$$\boldsymbol{U}_1\longrightarrow \boldsymbol{U}_1/\boldsymbol{U}_2\cong \boldsymbol{Z}/2\boldsymbol{Z}$$

によって $\{\pm 1\}$ が $\boldsymbol{Z}/2\boldsymbol{Z}$ の上に同形に写される．したがって $\boldsymbol{U}_1=\{\pm 1\}\times\boldsymbol{U}_2$ となり，証明が完了した．

定理 2
$$\boldsymbol{Q}_p^*\cong\begin{cases}\boldsymbol{Z}\times\boldsymbol{Z}_p\times\boldsymbol{Z}/(p-1)\boldsymbol{Z} & p\neq 2\\ \boldsymbol{Z}\times\boldsymbol{Z}_2\times\boldsymbol{Z}/2\boldsymbol{Z} & p=2.\end{cases}$$
——

実際 $\boldsymbol{Q}_p^*$ の任意の元 x は $x=p^n u\ (n\in\boldsymbol{Z},\ u\in\boldsymbol{U})$ と一意的に書かれるから $\boldsymbol{Q}_p^*\cong\boldsymbol{Z}\times\boldsymbol{U}$．また命題 7 より $\boldsymbol{U}=\boldsymbol{V}\times\boldsymbol{U}_1$，$\boldsymbol{V}\cong\boldsymbol{Z}/(p-1)\boldsymbol{Z}$．したがって命題 8 により定理が得られる．

3.3 p 進数の平方

定理 3 $p\neq 2$ とし，$x=p^n u$ を $\boldsymbol{Q}_p^*$ の元（ただし $n\in\boldsymbol{Z}$, $u\in\boldsymbol{U}$）とする．x が平方数であるための必要十分条件は n が偶数であり u の $\boldsymbol{F}_p^*=\boldsymbol{U}/\boldsymbol{U}_1$ における像 $\bar{u}$ が平方数であることである．

（上で最後の条件は $\bar{u}$ の Legendre 記号 $\left(\dfrac{\bar{u}}{p}\right)$ が 1 に等しいというようにいい直してもよい．また $\left(\dfrac{\bar{u}}{p}\right)$ のかわりに $\left(\dfrac{u}{p}\right)$ とも書くことにする．）——

$u=vu_1\ (v\in\boldsymbol{V},\ u_1\in\boldsymbol{U}_1)$ と分解しよう．定理 2 で示された同形 $\boldsymbol{Q}_p^*\cong\boldsymbol{Z}\times\boldsymbol{V}\times\boldsymbol{U}_1$ によれば，x が平方数となるためには n が偶数で v および u_1 がそれぞれ $\boldsymbol{V}$，$\boldsymbol{U}_1$ の平方数となることが必要十分である．ところが $\boldsymbol{U}_1\cong\boldsymbol{Z}_p$ であり，2 は $\boldsymbol{Z}_p$ の可逆元だから $\boldsymbol{U}_1$ の元は全て平方である．また $\boldsymbol{V}\cong\boldsymbol{F}_p^*$ だから定理が導かれる．

系　$p\neq 2$ のとき，商群 $\boldsymbol{Q}_p^*/\boldsymbol{Q}_p^{*2}$ は (2, 2) 型の Abel 群で，代表系として $\{1, p, u, up\}$ がとれる (ただし u は $\boldsymbol{U}$ の元で $\left(\dfrac{u}{p}\right)=-1$ を満たすものである).

定理 4　$\boldsymbol{Q}_2$ の元 $x=2^n u$ が平方数であるための必要十分条件は，n が偶数で $u\equiv 1 \pmod 8$ となることである. ——

分解 $\boldsymbol{U}=\{\pm 1\}\times \boldsymbol{U}_2$ により u が平方数となるためには u が $\boldsymbol{U}_2$ に含まれ，しかも $\boldsymbol{U}_2$ の平方元となることが必要十分であることがわかる．ところで命題8の証明の中で考えた同形 $\theta_\alpha : \boldsymbol{Z}_2 \xrightarrow{\cong} \boldsymbol{U}_2$ によって $2^n\boldsymbol{Z}_2$ は $\boldsymbol{U}_{n+2}$ の上に写される. したがって，特に $n=1$ の場合を考えれば $\boldsymbol{U}_2^2=\boldsymbol{U}_3$ となることがわかる．ゆえに $u\in \boldsymbol{U}$ が平方元であるためには $u\equiv 1 \pmod 8$ となることが必要十分である.

注意　$\boldsymbol{U}_3$ の全ての元が平方元であるという事実は，定理1系3を2次形式 X^2 に適用することによっても得られる.

系　商群 $\boldsymbol{Q}_2^*/\boldsymbol{Q}_2^{*2}$ は (2, 2, 2) 型の Abel 群である．その代表系として $\{\pm 1, \pm 5, \pm 2, \pm 10\}$ がとれる. ——

$\boldsymbol{U}/\boldsymbol{U}_3$ の代表系として $\{\pm 1, \pm 5\}$ がとれることから上の結果が得られる.

注意　(1)　$p=2$ のとき，準同形 $\varepsilon, \omega : \boldsymbol{U}/\boldsymbol{U}_3 \to \boldsymbol{Z}/2\boldsymbol{Z}$ を第1章3.2と同様に定義しよう：

$$\varepsilon(z) \equiv \frac{z-1}{2} \pmod 2 = \begin{cases} 0 & z\equiv 1 \pmod 4 \\ 1 & z\equiv -1 \pmod 4 \end{cases}$$

$$\omega(z) \equiv \frac{z^2-1}{8} \pmod 2 = \begin{cases} 0 & z\equiv \pm 1 \pmod 8 \\ 1 & z\equiv \pm 5 \pmod 8. \end{cases}$$

ε, ω がそれぞれ同形 $\boldsymbol{U}/\boldsymbol{U}_2 \cong \boldsymbol{Z}/2\boldsymbol{Z}$, $\boldsymbol{U}_2/\boldsymbol{U}_3 \cong \boldsymbol{Z}/2\boldsymbol{Z}$ を定義することは明らかである．したがって (ε, ω) の組によって $\boldsymbol{U}/\boldsymbol{U}_3$ から $\boldsymbol{Z}/2\boldsymbol{Z}\times \boldsymbol{Z}/2\boldsymbol{Z}$ の上への同形が定められる．特に2進単数 z が平方数であるためには $\varepsilon(z)=\omega(z)=0$ となることが必要十分である.

(2)　定理3, 4により $\boldsymbol{Q}_p^{*2}$ は $\boldsymbol{Q}_p^*$ の開部分群であることが知られる.

第3章 Hilbert 記号

§1 局所的性質

この節では k によって実数体 $\boldsymbol{R}$ または p 進体 $\boldsymbol{Q}_p$ (p は素数) を表わす.

1.1 定義，基本的性質

k^* の元 a, b に対して，$z^2-ax^2-by^2=0$ をみたす k の元 z, x, y (ただし $z=x=y=0$ は除く) が存在するとき $(a, b)=1$，そうでないとき $(a, b)=-1$ と書く．$(a, b)=\pm 1$ は a, b の k に関する **Hilbert 記号**と呼ばれる．a, b に k の (0 とは異なる) 平方数を掛けても (a, b) の値が変らないことは明らかである．Hilbert 記号は，したがって，$k^*/k^{*2}\times k^*/k^{*2}$ から $\{\pm 1\}$ への写像を定める．

命題 1 <u>$a, b\in k^*$, $k_b=k(\sqrt{b})$ としよう．(k_b は k に $x^2=b$ の一根を添加して得られる体である.) $(a, b)=1$ となるためには a が k_b^* の元のノルムから成る群 Nk_b^* に含まれることが必要十分である.</u> ——

もしも $b=c^2$ $(c\in k^*)$ ならば方程式

$$(*) \qquad z^2-ax^2-by^2=0$$

の解として $(c, 0, 1)$ がとれ $(a, b)=1$ となる．一方，この場合 $k_b=k$, $N\alpha=\alpha$ $(\alpha\in k_b)$ だから $Nk_b^*=k^*$ となり，命題が成り立つ．b が平方数でなければ，k_b は k の 2 次拡大体で k_b の任意の元 α は $\alpha=z+y\sqrt{b}$ $(y, z\in k)$ と書け，$N\alpha=z^2-by^2$ である．ゆえに，もし $a\in Nk_b^*$ ならば $a=z^2-by^2$ となる $y, z\in k$ が存在するが，このとき方程式 $(*)$ は $(z, 1, y)$ を解として持つ．したがって $a\in Nk_b^*\Rightarrow$

$(a,b)=1$. 逆に $(a,b)=1$ ならば $(*)$ の解 $(z,x,y)\neq(0,0,0)$ がとれるが，ここで $x\neq 0$ (実際 $x=0$ ならば $b\in k^{*2}$ となり矛盾である). したがって $a=N\left(\frac{z}{x}+\frac{y}{x}\sqrt{b}\right)$.

命題 2 Hilbert 記号は以下の公式を満たす.

(1) $(a,b)=(b,a),\qquad (a,c^2)=1;$

(2) $(a,-a)=1,\qquad (a,1-a)=1;$

(3) $(a,b)=1\Rightarrow(aa',b)=(a',b);$

(4) $(a,b)=(a,-ab)=(a,(1-a)b).$

(上で a,a',b,c は k^* の元；また $1-a$ が現われる場合には $a\neq 1$ とする.) ——

(1) は明らか. また $0^2-a\cdot1^2-(-a)\cdot1^2=0$, $1^2-a\cdot1^2-(1-a)\cdot1^2=0$ だから (2) も成り立つ. もし $(a,b)=1$ ならば命題1より $a\in Nk_b^*$, ゆえに

$$a'\in Nk_b^*\Longleftrightarrow aa'\in Nk_b^*.$$

したがって (3) も成り立つ. (4) は (1), (2), (3) から導かれる.

注意 実は後に示すように Hilbert 記号は "双1次性"

(5) $(aa',b)=(a,b)(a',b)$

を持つ. 上の (3) は (5) の特別の場合として得られる.

1.2 (a,b) の計算

定理 1 $k=\boldsymbol{R}$ ならば a または b が正のとき $(a,b)=1$, また a,b がともに負のとき $(a,b)=-1$ となる.

$k=\boldsymbol{Q}_p$ で $a=p^\alpha u$, $b=p^\beta v$ (ただし u,v は p 進単数) のとき次の式が成り立つ：

$$(a,b)=(-1)^{\alpha\beta\varepsilon(p)}\left(\frac{u}{p}\right)^\beta\left(\frac{v}{p}\right)^\alpha\qquad p\neq 2$$

$$(a,b)=(-1)^{\varepsilon(u)\varepsilon(v)+\alpha\omega(v)+\beta\omega(u)}\qquad p=2.$$

(ここで $\left(\frac{u}{p}\right)$ は Legendre 記号 $\left(\frac{\bar{u}}{p}\right)$——ただし $\bar{u}$ は u の p を法とする還元 (reduction mod p : $\boldsymbol{U}\to\boldsymbol{F}_p^*$) による像——を意味し, $\varepsilon(u),\omega(u)$ は $\frac{u-1}{2}$, $\frac{u^2-1}{8}$ の

mod 2の類を意味するのであった——第2章3.3参照.）——

定理1および次の定理2の証明は後に述べる.

定理 2 Hilbert記号は$\boldsymbol{F}_2$上のベクトル空間k^*/k^{*2}の上の非退化双1次形式である.

(ここで，(a, b)の双1次性とは上述の(5)を意味する(1.1参照)．また“(a, b)が非退化である”とは$b \in k^*$について$(a, b)=1$がk^*の任意の元aに対して成り立つならば$b \in k^{*2}$となることを意味する.)

系 もしbが平方数でなければ命題1で述べられた群Nk_b^*はk^*の指数2の部分群である.——

準同形$\varphi_b : k^* \to \{\pm 1\}$を$\varphi_b(a)=(a, b)$によって定めると，命題1より$\mathrm{Ker}\,\varphi_b = Nk_b^*$．また$b$が平方数でなく，$(a, b)$が非退化であることより$\varphi_b$は全射である．したがって$\varphi_b$は$k^*/Nk_b^*$から$\{\pm 1\}$の上への同形を定める．系はこのことから明らかである.

注意 一般にkの有限次Galois拡大体Lをとり，そのGalois群Gが可換であるならば$k^*/NL^* \cong G$となることが証明される．また群NL^*を知ることによってLを決定することができる．この二つはいわゆる“局所類体論”の基本的結果の一部である.

定理 1, 2 の証明

$k=\boldsymbol{R}$の場合は自明；このときk^*/k^{*2}は$\{1, -1\}$によって代表され，$\boldsymbol{F}_2$上1次元のベクトル空間となる.

$k=\boldsymbol{Q}_p$としよう.

補題 vをp進単数とする．もし方程式$z^2-px^2-vy^2=0$が$\boldsymbol{Q}_p$の中に自明でない解を持てば，方程式の解(z, x, y)として$z, y \in \boldsymbol{U}$，$x \in \boldsymbol{Z}_p$となるものがとれる.——

第2章2.1命題6より上の方程式は原始解(z, x, y)を持つ．この解が上の条件を満たすことを示そう．もしそうでないならばyまたはzが$\equiv 0 \pmod p$となる．ところが $z^2-vy^2\equiv 0 \pmod{p}$，$v\not\equiv 0 \pmod{p}$ だから，このとき $y\equiv z\equiv 0 \pmod{p}$ となるはずである．したがって $px^2\equiv 0 \pmod{p^2}$．ゆえに $x\equiv 0 \pmod{p}$ となるが，これは (z, x, y) が原始的であるという仮定と矛盾する．——

さて，定理1の証明に戻り，まず $p\neq 2$ としよう．

指数 α, β をそれぞれ $\alpha+2\alpha'$，$\beta+2\beta'$ $(\alpha', \beta'\in \boldsymbol{Z})$ で置き換えたとき定理が証明されれば十分である．したがって式の対称性に注意すれば次の三つの場合について考えればよい：

（1） $\alpha=0$，$\beta=0$．この場合には $(u, v)=1$ を示せばよい．ところが，方程式

$$z^2-ux^2-vy^2 = 0$$

は mod p で自明ではない解を持つ（第1章§2定理3系2）．この2次形式の判別式は p 進単数だから mod p での解は p 進数解に持ち上げられる（第2章2.2定理1系2）．したがって $(u, v)=1$．

（2） $\alpha=1$，$\beta=0$．この場合には $(pu, v)=\left(\frac{v}{p}\right)$ を示せばよい．$(u, v)=1$ だから命題2(3)より $(pu, v)=(p, v)$ である．したがって証明すべきことは $(p, v)=\left(\frac{v}{p}\right)$ に他ならない．もし v が平方数ならば両辺ともに1だから明らか．v が平方数でなければ，第2章3.3定理3より $\left(\frac{v}{p}\right)=-1$，ゆえに上述の補題を用いれば $z^2-px^2-vy^2=0$ は自明ではない解を持ち得ず，$(p, v)=-1$ である．

（3） $\alpha=1$，$\beta=1$．この場合に証明すべきことは

$$(pu, pv) = (-1)^{(p-1)/2}\left(\frac{u}{p}\right)\left(\frac{v}{p}\right)$$

である．さて，命題2(4)より

$$(pu, pv) = (pu, -p^2uv) = (pu, -uv)$$

であるが，上に見たように $(pu, -uv)=\left(\frac{-uv}{p}\right)$ だから

$$(pu, pv) = \left(\frac{-uv}{p}\right).$$

一方，$\left(\frac{-1}{p}\right)=(-1)^{(p-1)/2}$ だから求める結果が得られる．

$p\neq 2$ の場合の定理1の内容から，$p\neq 2$ の場合の定理2の内容が導かれる．まず定理1より (a,b) が双1次性を持つことは明らか．(a,b) が非退化であることを示すには a を k^*/k^{*2} の単位元とは異なる元とするとき，$(a,b)=-1$ を満たす b があることをいえばよい．第2章3.3定理3系より $a=p,u,up$ (ただし $u\in \boldsymbol{U}$, $\left(\frac{u}{p}\right)=-1$) としてよい．それぞれの場合に $b=u,p,u$ と置けば $(a,b)=-1$ となる．

$p=2$ の場合．このときにも α,β については mod 2 で考えればよいので，次の三つの場合について考えればよい：

（1） $\alpha=0$, $\beta=0$. u または v が $\equiv 1 \pmod 4$ のとき $(u,v)=1$, そうでなければ $(u,v)=-1$ となることを示す．まず，$u\equiv 1 \pmod 4$ と仮定しよう．すると $u\equiv 1 \pmod 8$ または $u\equiv 5 \pmod 8$ である．第1の場合 u は平方数(第2章3.3定理4)，ゆえに $(u,v)=1$. さて今 $v\equiv 1 \pmod 2$ だから $u\equiv 5 \pmod 8$ のときは $u+4v\equiv 1 \pmod 8$, ゆえに $\boldsymbol{U}$ の元 w が存在して $w^2=u+4v$ となる．ゆえに $z^2-ux^2-vy^2=0$ の解として $(w,1,2)$ が選べ，$(u,v)=1$ となる．さて次に $u\equiv v\equiv -1 \pmod 4$ の場合を考えよう．もしも (z,x,y) が

$$z^2-ux^2-vy^2=0$$

の原始的解ならば $z^2+x^2+y^2\equiv 0 \pmod 4$ となるが，$\boldsymbol{Z}/4\boldsymbol{Z}$ の平方数は0または1だから $x\equiv y\equiv z\equiv 0 \pmod 2$ となり，解の原始性に反する．したがって，この場合には $(u,v)=-1$ である．

（2） $\alpha=1$, $\beta=0$. 証明すべき式は

$$(2u,v)=(-1)^{\varepsilon(u)\varepsilon(v)+\omega(v)}.$$

まず，$(2,v)=(-1)^{\omega(v)}$ を示そう．すなわち $(2,v)=1\Longleftrightarrow v\equiv\pm 1 \pmod 8$ を示すのである．上述の補題より，$(2,v)=1$ ならば $\boldsymbol{Z}_2$ の元 x,y が存在し $z^2-2x^2-vy^2=0$, しかも $y,z\not\equiv 0 \pmod 2$ となる．このとき $z^2\equiv y^2\equiv 1 \pmod 8$ だから $1-2x^2-v\equiv 0 \pmod 8$. ところが mod 8 の平方数は 0, 1, 4 のみだから $v\equiv\pm 1 \pmod 8$ となることがわかる．逆に，$v\equiv 1 \pmod 8$ ならば v は平方数だから $(2,v)=1$;

また，$v\equiv -1 \pmod 8$ ならば $1^2-2\cdot 1^2-v\cdot 1^2\equiv 0 \pmod 8$ となり，$(1,1,1)$ が $z^2-2x^2-vy^2=0$ の mod 8 での解となるが，この解は $\boldsymbol{Z}_2$ における解に持ち上げられる(第2章2.2定理1系3)．したがって $(2,v)=1$.

次に $(2u,v)=(2,v)(u,v)$ を示せば，$\alpha=1$，$\beta=0$ の場合の証明が完了する．命題2よりこの式は $(2,v)=1$ または $(u,v)=1$ の場合には成立する．そこで今 $(2,v)=(u,v)=-1$ としよう．これは，$v\equiv 3 \pmod 8$，$u\equiv 3$，$-1 \pmod 8$ の場合に他ならない．このとき $3v\equiv -5v\equiv 1 \pmod 8$ だから $3v$, $-5v$ は平方数．したがって $v=3$ あるいは $v=-5$ の場合について考えればよい．同様に $u\equiv 3 \pmod 8$ のときは，$u=3$，また $u\equiv -1 \pmod 8$ のときは $u=-1$ としてよい．さて，$u=-1$，$v=3$ のとき $z^2+2x^2-3y^2=0$ の解として $(1,1,1)$ がとれ，$u=3$，$v=-5$ のときにも $z^2-6x^2+5y^2=0$ の解として $(1,1,1)$ がとれるから $(2u,v)=1$ である．

(3) $\alpha=1$，$\beta=1$．証明すべき式は

$$(2u,2v)=(-1)^{\varepsilon(u)\varepsilon(v)+\omega(u)+\omega(v)}$$

である．命題2(4)より

$$(2u,2v)=(2u,-4uv)=(2u,-uv)$$

だから上に見たことより

$$(2u,2v)=(-1)^{\varepsilon(u)\varepsilon(-uv)+\omega(-uv)}$$

である．$\varepsilon(-1)=1$，$\omega(-1)=0$，$\varepsilon(u)(1+\varepsilon(u))=0$ だから

$$\varepsilon(u)\varepsilon(-uv)+\omega(-uv)=\varepsilon(u)\varepsilon(v)+\omega(u)+\omega(v).$$

こうして定理1は証明された．

(a,b) の双1次性は ε,ω が準同形であることから明らか．(a,b) が非退化であることは，$\boldsymbol{Q}_2^*/\boldsymbol{Q}_2^{*2}$ の代表元として $\{1,5,-1,-5,2,10,-2,-10\}$ がとれること，また $u=1,5,-1,-5$ のとき

$$(5,2u)=-1,\quad \text{および}\quad (-1,-1)=(-1,-5)=-1$$

となることからわかる．こうして定理1,2の証明が完了した．

注意 $(a,b)=(-1)^{[a,b]}$ と置こう．ここで，$[a,b]\in \boldsymbol{Z}/2\boldsymbol{Z}$ であり，これは $\boldsymbol{F}_2$

上のベクトル空間 k^*/k^{*2} 上の対称双1次形式である．定理1により k^*/k^{*2} の基底を適当に選んだとき，その基底に関する $[a,b]$ の行列を計算することができる．

$k=\boldsymbol{R}$ のとき k^*/k^{*2} の基底として -1 をとれば，$(-1,-1)=-1$ だから $[-1,-1]=1$．すなわち求める行列は (1)．

$k=\boldsymbol{Q}_p\,(p\neq 2)$ のとき k^*/k^{*2} の基底として $\{p,u\}$ (ただし $\left(\frac{u}{p}\right)=-1$) をとれば，求める行列は

$$\begin{bmatrix} 0 & 1 \\ 1 & 0 \end{bmatrix} \qquad (p\equiv 1 \pmod 4)$$

$$\begin{bmatrix} 1 & 1 \\ 1 & 0 \end{bmatrix} \qquad (p\equiv 3 \pmod 4)).$$

$k=\boldsymbol{Q}_2$ のとき k^*/k^{*2} の基底として $\{2,-1,5\}$ をとれば求める行列は

$$\begin{bmatrix} 0 & 0 & 1 \\ 0 & 1 & 0 \\ 1 & 0 & 0 \end{bmatrix}.$$

§2 大局的性質

有理数体 $\boldsymbol{Q}$ は，$\boldsymbol{Q}_p, \boldsymbol{R}$ のおのおのに稠密な部分体として含まれる．$a,b\in\boldsymbol{Q}^*$ に対して，それらを $\boldsymbol{Q}_p$ または $\boldsymbol{R}$ の元と考え，それらの Hilbert 記号を $(a,b)_p$，$(a,b)_\infty$ と書く．素数全体および記号 ∞ からなる集合を V と表わし，$\boldsymbol{Q}_\infty=\boldsymbol{R}$ と書くことにする．

2.1 積公式

定理 3 (Hilbert) <u>$a,b\in\boldsymbol{Q}^*$ のとき V の殆どすべての元 v に対して $(a,b)_v=1$ となり</u>

$$\prod_{v\in V}(a,b)_v=1.$$

(“Vの殆どすべての元v”とは“有限個を除くVのすべての元”の意味である.)

——

Hilbert 記号の双1次性より，定理を証明するためにはa,bは-1または素数としてよい．定理1より，おのおのの場合に応じて$(a,b)_v$の計算ができる．

(1) $a=-1$, $b=-1$. このとき$(-1,-1)_\infty=(-1,-1)_2=-1$，また，$p\neq 2$, ∞のとき$(-1,-1)_p=1$. これらの積は1である．

(2) $a=-1$, $b=l$ (l：素数). $l=2$ならばVのすべての元vに対して$(-1,2)_v=1$. $l\neq 2$ならば

$$(-1,l)_v=1 \qquad v\neq 2,l,$$
$$(-1,l)_2=(-1,l)_l=(-1)^{\varepsilon(l)}$$

であり，積は1となる．

(3) $a=l$, $b=l'$ (l,l'：素数). もし$l=l'$ならば命題2(4)よりVの任意の元vに対して$(l,l)_v=(-1,l)_v$だから，上に述べた場合に帰着される．$l\neq l'$かつ$l'=2$ならば$v\neq 2,l$のとき$(l,2)_v=1$, また$(l,2)_2=(-1)^{\omega(l)}$, $(l,2)_l=\left(\frac{2}{l}\right)=(-1)^{\omega(l)}$（第1章3.2定理5). 最後に$l\neq l'$, l,l'はともに奇素数の場合を考える．$v\neq 2,l,l'$のとき$(l,l')_v=1$. また$(l,l')_2=(-1)^{\varepsilon(l)\varepsilon(l')}$, $(l,l')_l=\left(\frac{l'}{l}\right)$, $(l,l')_{l'}=\left(\frac{l}{l'}\right)$だが，平方剰余の相互法則（第1章3.3定理6）より

$$\left(\frac{l'}{l}\right)\left(\frac{l}{l'}\right)=(-1)^{\varepsilon(l)\varepsilon(l')}$$

だから定理の積は1となり証明が完了した．定理の公式を**積公式**という．

注意 上述の積公式は本質的に平方剰余の相互法則と同値である．この公式に関して特に興味深いことの一つに，これが任意の代数体の場合にも成り立つということがある（この場合Vは代数体の付値全体からなる集合である).

2.2 与えられた Hilbert 記号を持つ有理数の存在

定理 4 $(a_i)_{i\in I}$ を有限個の $\boldsymbol{Q}^*$ の元の族，$(\varepsilon_{i,v})_{i\in I, v\in V}$ を ± 1 に等しい数の族とする．$x\in \boldsymbol{Q}^*$ が存在して $(a_i, x)_v=\varepsilon_{i,v}$ がすべての $i\in I$，$v\in V$ に対して成り立つためには，以下の 3 条件が満たされることが必要十分である：

（1） 殆どすべての $\varepsilon_{i,v}$ は 1 に等しい

（2） すべての $i\in I$ に対して $\prod_{v\in V} \varepsilon_{i,v}=1$

（3） すべての $v\in V$ に対して $x_v\in \boldsymbol{Q}_v^*$ が存在し

$$(a_i, x_v)_v = \varepsilon_{i,v}$$

がすべての $i\in I$ に対して成り立つ．——

条件 (1), (2) の必要性は定理 3 から導かれる．(3) の必要性は自明である ($x_v= x$ と置けばよい)．

(1), (2), (3) の十分性を示すために，以下の三つの補題を用いる．

補題 1 (“中国の補題”) $a_1, \cdots, a_n, m_1, \cdots, m_n$ を整数，ただし m_i は互いに素であるとする．このとき整数 a が存在しすべての i に対して，$a\equiv a_i \pmod{m_i}$ が成り立つ．——

(訳注：m を $m_1, \cdots, m_n$ の積とすれば，canonical な準同形は Bezout の定理により同形，したがって補題が得られる．

$$(k\boldsymbol{Z}+l\boldsymbol{Z})/(k\boldsymbol{Z}\cap l\boldsymbol{Z}) \cong k\boldsymbol{Z}/(k\boldsymbol{Z}\cap l\boldsymbol{Z})\times l\boldsymbol{Z}/(k\boldsymbol{Z}\cap l\boldsymbol{Z})$$

であるが，特に k, l が互いに素であるとき

$$k\boldsymbol{Z}+l\boldsymbol{Z} = \boldsymbol{Z}, \qquad k\boldsymbol{Z}\cap l\boldsymbol{Z} = kl\boldsymbol{Z},$$

また

$$k\boldsymbol{Z}/(k\boldsymbol{Z}\cap l\boldsymbol{Z}) \cong (k\boldsymbol{Z}+l\boldsymbol{Z})/l\boldsymbol{Z} \cong \boldsymbol{Z}/l\boldsymbol{Z}$$

$$l\boldsymbol{Z}/(k\boldsymbol{Z}\cap l\boldsymbol{Z}) \cong \boldsymbol{Z}/k\boldsymbol{Z}$$

だから $\boldsymbol{Z}/kl\boldsymbol{Z}\cong \boldsymbol{Z}/k\boldsymbol{Z}\times \boldsymbol{Z}/l\boldsymbol{Z}$.)

$$\boldsymbol{Z}/m\boldsymbol{Z} \to \prod_{i=1}^{n} \boldsymbol{Z}/m_i\boldsymbol{Z}$$

だから補題が得られる．

補題 2（"近似定理"） S を V の有限部分集合とする．$\boldsymbol{Q}$ の各元 a に対しその"像"$(\cdots,a,a,a,\cdots)\in\prod_{v\in S}\boldsymbol{Q}_v$ を対応させると $\boldsymbol{Q}$ の $\prod_{v\in S}\boldsymbol{Q}_v$ における像はこの直積空間の中で稠密である．——

S を含む V の有限部分集合について補題が示されれば十分だから，今 S に ∞ が含まれる場合を考え，

$$S=\{\infty,p_1,\cdots,p_n\}$$

としてよい（p_i は素数）．ここで $\boldsymbol{Q}$ が $\boldsymbol{R}\times\boldsymbol{Q}_{p_1}\times\cdots\times\boldsymbol{Q}_{p_n}$ の中で稠密になることを示そう．直積空間の点 $(x_\infty,x_1,\cdots,x_n)$ を任意に選び，この点のいくらでも近くに $\boldsymbol{Q}$ の点があることを示す．与えられた点を m 倍（$m\in\boldsymbol{N}$）して考えてもよいから $x_i\in\boldsymbol{Z}_{p_i}$ $(1\leqq i\leqq n)$ としてよい．示すべきことは，任意の $\varepsilon>0$，$N\geqq 0$ $(N\in\boldsymbol{N})$ に対して $x\in\boldsymbol{Q}$ が存在し

$$|x-x_\infty|\leqq\varepsilon,\qquad v_{p_i}(x-x_i)\geqq N\qquad(1\leqq i\leqq n)$$

が成り立つことである．補題1を $m_i=p_i^N$ に適用すれば，$v_{p_i}(x_0-x_i)\geqq N$ $(1\leqq i\leqq n)$ を満たす $x_0\in\boldsymbol{Z}$ が存在することがわかる．さて，$q\geqq 2$ を $p_1,\cdots,p_n$ とは互いに素になるようにとる．$\{a/q^m\mid a\in\boldsymbol{Z},\ m\geqq 0\}$ は $\boldsymbol{R}$ の中で稠密だから $u=a/q^m$ を適当に選べば

$$|x_0-x_\infty+up_1^N\cdots p_n^N|\leqq\varepsilon$$

が成り立つようにできる．$x=x_0+up_1^N\cdots p_n^N\in\boldsymbol{Q}$ は求める条件を満たす．

補題 3（"Dirichlet の定理"） a,m を $\geqq 1$ の自然数で互いに素であるものとすれば，$p\equiv a\pmod{m}$ を満たす素数 p が無限に存在する．——

証明は第6章で与えられる．（もちろん定理4の結果は使わない証明である．）

定理4の証明に入ろう．$(\varepsilon_{i,v})$ を ± 1 に等しい数の族で条件(1),(2),(3)を満たすものとする．a_i に平方数を掛けてもよいから，a_i はすべて整数であると仮定してよい．S を $\infty,2$ および a_i の素因子すべてからなる V の部分集合とし，適当な $i\in I$ をとると $\varepsilon_{i,v}=-1$ となる V の元 v 全体からなる集合を T とする．S,T はともに有限集合である．以下の二つの場合を分けて考えよう：

(1) $S\cap T=\phi$ の場合.

$$a=\prod_{\substack{l\in T\\ l\neq\infty}} l,\qquad m=8\prod_{\substack{l\in S\\ l\neq 2,\infty}} l$$

とおく．$S\cap T=\phi$ より a, m は互いに素である．ゆえに補題3より $S\cup T$ に含まれない素数 p で $p\equiv a \pmod{m}$ を満たすものが存在する．

$x=ap$ とおくと定理の条件が満たされること，すなわち $(a_i, x)_v=\varepsilon_{i,v}$ がすべての $i\in I$, $v\in V$ に対して成り立つことを示そう．

$v\in S$ ならば $S\cap T=\phi$ だから $\varepsilon_{i,v}=1$ である．この場合に $(a_i, x)_v=1$ となることを示そう．まず，$v=\infty$ のときには $x>0$ だからよい．また $v=l$ (素数) のときには $x\equiv a^2 \pmod{m}$ (実際 $x-a^2=a(p-a)$, $a\equiv p \pmod{m}$)．ゆえに $l=2$ のとき $x\equiv a^2 \pmod{8}$, $l\neq 2$ のとき $x\equiv a^2 \pmod{l}$ である．したがって，x, a はともに l 進単数であることに注意すれば x は $\boldsymbol{Q}_l^*$ の平方数となる (第2章 3.3)．ゆえに $(a_i, x)_v=1$.

次に $v=l$ が S に属さない場合を考える．このとき a_i は l 進単数である．$l\neq 2$ だから $\boldsymbol{Q}_l^*$ の任意の元 b に対し

$$(a_i, b)_l=\left(\frac{a_i}{l}\right)^{v_l(b)}$$

となる (定理1)．ここで $l\notin T\cup\{p\}$ ならば，x は l 進単数だから $v_l(x)=0$, ゆえに上の式から $(a_i, x)_l=1$ が導かれる．一方，$l\notin T$ だから $\varepsilon_{i,l}=1$ である．もし $l\in T$ ならば $v_l(x)=1$. 一方，条件 (3) によりすべての $i\in I$ に対して $(a_i, x_l)_l=\varepsilon_{i,l}$ を成り立たせるような $x_l\in\boldsymbol{Q}_l^*$ が存在する．$\varepsilon_{i,l}$ $(i\in I)$ の中の一つは -1 に等しい ($l\in T$ だから) から $v_l(x_l)\equiv 1 \pmod{2}$, よって

$$(a_i, x)_l=\left(\frac{a_i}{l}\right)=(a_i, x_l)_l=\varepsilon_{i,l}$$

がすべての $i\in I$ について成り立つ．

最後に $l=p$ の場合を扱おう．この場合積公式より

$$(a_i, x)_p = \prod_{v \neq p} (a_i, x)_v = \prod_{v \neq p} \varepsilon_{i,v} = \varepsilon_{i,p} \qquad (i \in I).$$

したがって $S \cap T = \phi$ の場合に定理4が成り立つ.

（2） 一般の場合. $\boldsymbol{Q}_v^{*2}$ は $\boldsymbol{Q}_v^*$ の開部分群をなすことは既に見た(第2章3.3). したがって, 補題2より $x'/x_v \in \boldsymbol{Q}_v^{*2}$ $(v \in S)$ が成り立つように $x' \in \boldsymbol{Q}^*$ をとることができる. このとき

$$(a_i, x')_v = (a_i, x_v)_v = \varepsilon_{i,v} \qquad (v \in S).$$

ここで $\eta_{i,v} = \varepsilon_{i,v}(a_i, x')_v$ と置けば族 $\{\eta_{i,v}\}$ は条件(1), (2), (3)を満たし, $v \in S$ のとき $\eta_{i,v} = 1$ である. したがって上記の(1)より $(a_i, y)_v = \eta_{i,v}$ $(i \in I,\ v \in V)$ を満たすような $y \in \boldsymbol{Q}^*$ が存在する. ここで $x = yx'$ と置けば

$$(a_i, x)_v = (a_i, yx')_v = (a_i, y)_v (a_i, x')_v = \varepsilon_{i,v}(a_i, x')_v (a_i, x')_v.$$

ゆえに

$$(a_i, x)_v = \varepsilon_{i,v} \qquad (i \in I,\ v \in V)$$

となる.

第4章　Q_p および Q 上の2次形式

§1　2 次 形 式

1.1　定　義

一般的な**2次形式**の概念について，まず振り返っておこう (Bourbaki, Alg., 第9章§3 n°4参照)：

定義 1　V を可換環 A の上の加群とする．写像 $Q: V \to A$ が次の条件(1), (2)を満たしているとき，Q は V 上の**2次形式**と呼ばれる：

(1)　$Q(ax)=a^2Q(x)$　　$(a \in A,\ x \in V)$.

(2)　写像 $(x, y) \longmapsto Q(x+y)-Q(x)-Q(y)$ は双1次形式である．——

上のとき (V, Q) は**2次加群**と呼ばれる．

本章では A として標数が2とは異なる体 k をとる．V は，したがって，k 上のベクトル空間となるが，われわれは V の次元が有限な場合についてだけ考える．

さて，$x, y \in V$ に対して

$$x \cdot y = \frac{1}{2}[Q(x+y)-Q(x)-Q(y)]$$

と置こう (ch $k \neq 2$ だからこの式は意味を持つ)．$(x, y) \longmapsto x \cdot y$ は V 上の対称双1次形式だが，これを Q に付随する**スカラー積**と呼ぼう．$Q(x)=x \cdot x$ であり，こうして2次形式と対称双1次形式の間に1対1の関係が得られる (標数2の場合には事情が異なる)．

$(V, Q), (V', Q')$ を2次加群とする．線型写像 $f: V \to V'$ が $Q' \circ f = Q$ を満たすとき，f を (V, Q) から (V', Q') への**射**(morphism)(または**計量射**)と呼ぶ．このとき $x, y \in V$ に対して $f(x) \cdot f(y) = x \cdot y$ である．

2次形式の行列　$(e_i)_{1 \leq i \leq n}$ を V の k 上基底としよう．$a_{ij} = e_i \cdot e_j$ と置く．ここで行列 $A = (a_{ij})$ を基底 (e_i) に関する Q の行列と呼ぶ．A は n 次対称行列である．$x = \sum x_i e_i \in V$ に対して

$$Q(x) = \sum_{i,j} a_{ij} x_i x_j$$

となるが，これは $Q(x)$ が $x_1, \cdots, x_n$ に関する通常の意味での"2次形式"であることを示している．

基底 (e_i) のかわりに基底 (f_i) をとれば，e_i, f_i を行ベクトルとするとき $f_i = e_i X$ を満たすような可逆行列 X があるが，このとき (f_i) に関する Q の行列 A' は $XA{}^tX$ に等しい(${}^tX$ は X の転置行列)．ゆえにこのとき

$$\det A' = \det A \cdot \det X^2$$

となるから $\det A$ は k^{*2} の因子を除いては，Q によって確定することがわかる．$\det A \pmod{k^{*2}}$ は Q の**判別式**と呼ばれ $d(Q)$ と書かれる．

1.2　直 交 性

(V, Q) を k 上の2次加群としよう．$x, y \in V$ は $x \cdot y = 0$ のとき**直交**しているという．$H \subset V$ に対して，

$$H^0 = \{x \in V \mid x \cdot H = 0\}$$

(ただし，$x \cdot H = 0$ とは H の任意の元 h に対して $x \cdot h = 0$ を意味する)と置く．$H \neq \phi$ のとき，H^0 は V の部分空間となる．V_1, V_2 を V の部分空間とするとき，$V_1 \subset V_2^0$ すなわち，$x \in V_1$，$y \in V_2 \Rightarrow x \cdot y = 0$，が成り立つならば V_1, V_2 は**直交**するという．

V^0 は V の**根基**(radical)または**核**と呼ばれ，rad V，と書かれる．V の次元

と rad V の次元の差を Q の**階数**(rank)という．$V^0=0$ のとき，Q は**非退化**(non-degenerate)であるといわれる．Q が非退化ならば Q の判別式は $\neq 0$ であり，その逆も正しい(このとき Q の判別式は k^*/k^{*2} の元と見なされる)．

U を V の部分空間，U^* を U の双対空間としよう．$q_U: V\to U^*$ を $x\in V$ に1次形式 $(U\ni y\longmapsto x\cdot y)$ を対応させる写像とする．q_U の核は U^0 に等しい．特に Q が非退化ならば $q_V: V\to V^*$ は同形でありその逆も正しい．

定義 2　$U_1, \cdots, U_m$ を V の部分空間とする．それらのどの二つをとっても互いに直交し，V が $U_1, \cdots, U_m$ の直和であるとき，V は $U_1, \cdots, U_m$ の**直交和**(orthogonal direct sum)であるといい

$$V=U_1\hat{\oplus}\cdots\hat{\oplus}U_m$$

と書く．

注意　定義2の場合 $x\in V$ の U_i 成分を x_i と書けば

$$Q(x)=Q_1(x_1)+\cdots+Q_m(x_m)$$

である(ただし $Q_i=Q|U_i$ は Q の U_i への制限)．逆に2次加群 (U_i, Q_i) の族が与えられたとき，上の式によって $V=\oplus U_i$ 上の2次形式 Q が得られる．この Q を Q_i の**直和**と呼ぶ．このとき $V=U_1\hat{\oplus}\cdots\hat{\oplus}U_m$ である．

命題 1　U が rad V の(V の中での)補空間ならば，$V=U\hat{\oplus}\mathrm{rad}\, V$．——自明である．

命題 2　(V, Q) が非退化であるとしよう．すると

(1)　V から2次加群 (V', Q') への計量射は単射である．

(2)　V の任意の部分空間 U に対して

$$U^{00}=U, \qquad \dim U+\dim U^0=\dim V$$
$$\mathrm{rad}\, U=\mathrm{rad}\, U^0=U\cap U^0.$$

U が非退化であるためには，U^0 が非退化であることが必要十分であり，その場合 $V=U\hat{\oplus}U^0$ となる．

(3)　$V=U_1\hat{\oplus}U_2$ ならば，U_1, U_2 はともに非退化である．——

$f: V \to V'$ が計量射で $f(x)=0$ ならば V の任意の元 y に対して $x \cdot y = f(x) \cdot f(y) = 0$, ゆえに $x \in V^0$. V は非退化だから $x=0$ となる.

U を V の部分空間とすると, 上に定めた写像 $q_U: V \to U^*$ は全射である. 実際, q_U は $q_V: V \to V^*$ と標準的全射 $V^* \to U^*$ とを合成することによって得られるが, 今の場合 q_V は全単射である. したがって完全系列

$$0 \to U^0 \to V \to U^* \to 0$$

が得られる. ゆえに

$$\dim V = \dim U^* + \dim U^0 = \dim U + \dim U^0.$$

このことからさらに $\dim U^{00} = \dim U$ がわかるが $U \subset U^{00}$ だから $U = U^{00}$. $\mathrm{rad}\, U = U \cap U^0$ は自明である. ゆえに $\mathrm{rad}\, U^0 = U^0 \cap U^{00} = U^0 \cap U = \mathrm{rad}\, U$. (3) は自明である.

1.3　等方的ベクトル

定義 3　(V, Q) を2次加群, $x \in V$ とする. $Q(x)=0$ のとき x は**等方的** (isotropic) といわれる. V の部分空間 U はその全ての元が等方的であるとき**等方的部分空間**といわれる. ——

定義から明らかに

$$U \text{ 等方的} \Longleftrightarrow U \subset U^0 \Longleftrightarrow Q|U = 0.$$

定義 4　2次加群 V が等方的な2元からなる基底 x, y を持ち $x \cdot y \neq 0$ であるとき, (V, Q) を**双曲型平面**と呼ぶ. ——

上の場合 y を $(x \cdot y)^{-1} y$ で置き換えれば, $x \cdot y = 1$. このとき Q の x, y に関する行列は $\begin{bmatrix} 0 & 1 \\ 1 & 0 \end{bmatrix}$ であり, その判別式は -1 (特に Q は非退化) となる.

命題 3　(V, Q) を非退化2次加群, $x \neq 0$ を V の等方的ベクトルとすると, V の部分空間 U で x を含み双曲型平面となるものがある. ——

V は非退化だから $z \in V$ で $x \cdot z = 1$ となるものがある. $y = 2z - (z \cdot z)x$ は等方的で $x \cdot y = 2$. $U = kx + ky$ は条件に適合する.

系 (V, Q) が非退化で，V に零とは異なる等方的ベクトルが含まれれば $Q(V)=k$.

(すなわち全ての $a\in k$ に対して $v\in V$ があり $Q(v)=a$ となる.) ——

V の元 x, y で $Q(x)=Q(y)=0$，$x\cdot y=1$ となるものがある．任意の $a\in k$ に対して $Q\left(x+\frac{a}{2}y\right)=a$，ゆえに $Q(V)=k$.

1.4 直交基底

定義 5 (V, Q) を2次加群とする．V の基底 $\{e_1, \cdots, e_n\}$ は，互いに直交する元からなるとき (V, Q)(または V) の**直交基底**と呼ばれる．このとき $V=ke_1\hat{\oplus}\cdots\hat{\oplus}ke_n$. ——

上のとき Q の (e_i) に関する行列は対角行列

$$\begin{bmatrix} a_1 & 0 & \cdots & 0 \\ 0 & a_2 & \cdots & 0 \\ \vdots & \vdots & \ddots & \vdots \\ 0 & 0 & \cdots & a_n \end{bmatrix}$$

となる．$x=\sum x_ie_i\in V$ に対して $Q(x)=a_1x_1^2+\cdots+a_nx_n^2$.

定理 1 任意の2次加群 (V, Q) は直交基底を持つ. ——

$n=\dim V$ についての帰納法を用いる．$n=0$ のときは自明．もし V が等方的ならば V の任意の基底は直交基底である．そうでなければ V の元 e_1 で $e_1\cdot e_1\neq 0$ となるものを選ぶことができる．$\{e_1\}^0=H$ は V の超平面で e_1 を含まないから $V=ke_1\hat{\oplus}H$．帰納法の仮定により H は直交基底 $(e_2, \cdots, e_n)$ を持つ．$(e_1, \cdots, e_n)$ が (V, Q) の直交基底となることは明らかである.

定義 6 (V, Q) の直交基底

$$\boldsymbol{e}=(e_1, \cdots, e_n), \qquad \boldsymbol{e}'=(e_1', \cdots, e_n')$$

は共通元を含むとき (すなわち $e_i=e_j'$ となる i, j が存在するとき)**隣接**するという.

定理 2 V を非退化，$\dim V=n\geqq 3$ であるとし，$\boldsymbol{e}=(e_1, \cdots, e_n)$，$\boldsymbol{e}'=(e_1', \cdots,$

e'_n) を V の直交基底とする．このとき V の直交基底の有限列 $\boldsymbol{e}^{(0)}, \boldsymbol{e}^{(1)}, \cdots, \boldsymbol{e}^{(m)}$ を適当にとれば，$\boldsymbol{e}^{(0)}=\boldsymbol{e}$，$\boldsymbol{e}^{(m)}=\boldsymbol{e}'$，しかも $0 \leqq i < m$ に対して $\boldsymbol{e}^{(i)}, \boldsymbol{e}^{(i+1)}$ が隣接するようにできる．

(このとき $\boldsymbol{e}^{(0)}, \cdots, \boldsymbol{e}^{(m)}$ は $\boldsymbol{e}, \boldsymbol{e}'$ を結ぶ直交基底の**隣接鎖**と呼ばれる．) ——

三つの場合に分けて証明しよう：

(i)　$(e_1 \cdot e_1)(e'_1 \cdot e'_1) - (e_1 \cdot e'_1)^2 \neq 0$.

これは e_1, e'_1 が同じ直線上にはない場合であり，しかも平面 $P = ke_1 + ke'_1$ は非退化である．このとき $\varepsilon_2, \varepsilon'_2 \in P$ が存在して

$$P = ke_1 \hat{\oplus} k\varepsilon_2, \qquad P = ke'_1 \hat{\oplus} k\varepsilon'_2.$$

$H = P^0$ とすれば，P が非退化だから $V = H \hat{\oplus} P$ (命題2参照). $(e''_3, \cdots, e''_n)$ を H の直交基底としよう．このとき $\boldsymbol{e}$ と $\boldsymbol{e}'$ は次の鎖で結ばれる．

$$\boldsymbol{e} \to (e_1, \varepsilon_2, e''_3, \cdots, e''_n) \to (e'_1, \varepsilon'_2, e''_3, \cdots, e''_n) \to \boldsymbol{e}'.$$

(ii)　$(e_1 \cdot e_1)(e'_2 \cdot e'_2) - (e_1 \cdot e'_2)^2 \neq 0$.

この場合には e'_1 と e'_2 を置き換えて (i) の場合と同様に議論を進めることが出来る．

(iii)　$(e_1 \cdot e_1)(e'_i \cdot e'_i) - (e_1 \cdot e'_i)^2 = 0 \qquad (i=1, 2)$.

まず，次の命題を示そう．

補題　k の元 x を適当に選び，$e_x = e'_1 + xe'_2$ と置くと，e_x は非等方的，しかも $ke_1 + ke_x$ は非退化平面になる．——

$e_x \cdot e_x = e'_1 \cdot e'_1 + x^2(e'_2 \cdot e'_2)$ だから，x^2 を $-(e'_1 \cdot e'_1)/(e'_2 \cdot e'_2)$ と異なるように選ばなければならない．一方，$ke_1 + ke_x$ が非退化平面となるためには

$$(e_1 \cdot e_1)(e_x \cdot e_x) - (e_1 \cdot e_x)^2 \neq 0$$

となることが必要十分であるが，(iii) より上式の左辺は $-2x(e_1 \cdot e'_1)(e_1 \cdot e'_2)$ と等しくなる．また，(iii) より $e_1 \cdot e'_i \neq 0$ $(i=1, 2)$ である．したがって e_x が補題の条件を満たすためには $x \neq 0$，$x^2 \neq -(e'_1 \cdot e'_1)/(e'_2 \cdot e'_2)$ が同時に成り立つことが必要十分である．こうして x のとり得ない値として高々三つのものがあることがわか

った．ゆえに k が 4 個以上の元を含めば補題は成り立つ．また ch $k\neq 2$ だから $k\neq \boldsymbol{F}_2$．したがって $k=\boldsymbol{F}_3$ の場合に補題が成り立つことを確かめればよい．ところがこの場合 $k^{*2}=\{1\}$ だから (iii) より $(e_1\cdot e_1)(e_i'\cdot e_i')=1\ (i=1,2)$，したがって比 $(e_1'\cdot e_1')/(e_2'\cdot e_2')$ も 1 に等しい．ゆえに $x=1$ と置けば $x\neq 0$，$x^2\neq -1$ となり条件が満たされる．

補題の条件を満たす x をとり，$e_x=e_1'+xe_2'$ と置こう．e_x は非等方的だから $ke_1'\hat{\oplus}ke_2'$ の直交基底として (e_x, e_2'') という形のものがとれる．ここで

$$\boldsymbol{e}''=(e_x, e_2'', e_3', \cdots, e_n')$$

と置けばこれは V の直交基底である．ke_1+ke_x は非退化平面だから，(i) の場合の証明により $\boldsymbol{e}$ と $\boldsymbol{e}''$ を結ぶ隣接する直交基底の鎖が存在する．$\boldsymbol{e}'$ と $\boldsymbol{e}''$ は隣接しているからこの場合にも定理が成り立つ．

1.5 Witt の定理

$(V, Q), (V', Q')$ を非退化な 2 次加群，U を V の部分空間とし

$$s: U \longrightarrow V'$$

を，U から V' への計量射で単射であるとする．s を U よりも大きい部分空間あるいは V 全体から V' への計量射に拡張することを考える．まず U が退化である場合から考えよう．

補題 U を退化部分空間とするとき，U を超平面として含む部分空間 U_1 を適当にとり，s を 1 対 1 の計量射 $s_1: U_1\to V'$ に拡張することができる．——

x を rad U の元 $(x\neq 0)$ とし，l は U の 1 次形式で $l(x)=1$ を満たすものとしよう．V は非退化だから $y\in V$ を適当にとれば $l(u)=u\cdot y\ (u\in U)$ となる．また，y を $y-\lambda x$，$\lambda=\dfrac{1}{2}y\cdot y$ で置き換えれば $y\cdot y=0$ としてよい．$U_1=U\oplus ky$ は U を超平面として含む．

$U'=sU$，$x'=sx$，$l'=l\circ s^{-1}$ について上と同様な議論を用いて $U_1'=U'\oplus ky'$ をつくることができる．1 次写像 $s_1: U_1\to U_1'$ を U の上では s と一致し $s_1(y)=$

y' を満たすようにつくれば，s_1 は条件を満たす．

定理 3 (Witt)　(V, Q), (V′, Q′) を非退化で同形な2次加群，U を V の部分空間とし

$$s : U \longrightarrow V'$$

を1対1の計量射とすると，s は V から V' の上への同形に拡張される．——

V と V' は同形だから，$V=V'$ としてよい．また上の補題により U が非退化の場合についてのみ考えればよい．$\dim U$ に関する帰納法を用いよう．

$\dim U=1$ のとき U は非等方的ベクトル x によって生成される．$y=s(x)$ と置けば $y\cdot y=x\cdot x$．ここで ε を ± 1 のいずれかとして，$x+\varepsilon y$ が非等方的であるようにできる．実際，もしそれが不可能ならば

$$2x\cdot x+2x\cdot y = 2x\cdot x-2x\cdot y = 0.$$

ゆえに $x\cdot y=0$ したがって $x\cdot x=0$ となるからである．$z=x+\varepsilon y$ $(z\cdot z\neq 0)$ とし，$H=(kz)^0$ と置けば $V=kz\hat{\oplus}H$．ここで σ を "H に関する鏡像 (symmetry)"，すなわち V の自己同形で H の各元を動かさず，$\sigma(z)=-z$ となるようなものとしよう．

$x-\varepsilon y\in H$ なので

$$\sigma(x-\varepsilon y) = x-\varepsilon y, \qquad \sigma(x+\varepsilon y) = -x-\varepsilon y.$$

ゆえに $\sigma(x)=-\varepsilon y$．$\tilde{s}=-\varepsilon\sigma$ と置くとこれは V の自己同形で s の拡張となる．

$\dim U>1$ の場合，U を $U_1\hat{\oplus}U_2$ の形に分解する．ここで $U_1, U_2\neq 0$．帰納法の仮定より s の U_1 への制限 s_1 は V の自己同形 σ_1 に拡張される．s を $\sigma_1^{-1}\circ s$ で置き換え，s が U_1 の上で恒等写像であると仮定してよい．s によって U_2 は U_1 の直交部分 $V_1=U_1^0$ の中に写される．$U_2\subset V_1$ だから帰納法の仮定より s の U_2 への制限は V_1 の自己同形 σ_2 に拡張される．V の自己同形 σ を U_1 の上では恒等写像，V_1 の上では σ_2 と等しくなるように与えれば，σ が求めるものである．

系　非退化2次加群 V の部分空間 U_1, U_2 が同形ならば，それらの直交部分

U_1^0, U_2^0 も同形である. ——

同形 $s: U_1 \xrightarrow{\cong} U_2$ を V の自己同形 σ に拡張し, σ を U_1^0 に制限すれば $U_1^0 \cong U_2^0$ が得られる.

1.6 2 次加群と 2 次形式

k 上の n 変数 2 次形式

$$f(X) = \sum_{i=1}^{n} a_{ii} X_i^2 + 2 \sum_{i<j} a_{ij} X_i X_j$$

に対し $i>j$ のとき $a_{ij}=a_{ji}$ と置いて対称行列 $A=(a_{ij})$ をつくる. 2 次加群 (k^n, f) は, f (または A) に**同伴する** 2 次加群と呼ばれる.

定義 7 2 次形式 f, f' はそれらに同伴する加群が同形であるとき**同値** (equivalent) であるという. ——

f, f' が同値のとき $f \sim f'$ と書く. A, A' を f, f' の行列とすれば, これは可逆行列 X があって $A'=XA{}^tX$ となることと同値である (1.1 参照).

$f(X_1, \cdots, X_n)$, $g(X_1, \cdots, X_m)$ を 2 次形式とするとき, $n+m$ 変数の 2 次形式

$$f(X_1, \cdots, X_n)+g(X_{n+1}, \cdots, X_{n+m})$$

を $f \dot{+} g$ (または誤解のおそれのないときは単に $f+g$) によって表わす. この操作は 2 次加群の直交和の操作 (1.2 定義 2 参照) に対応している. 同様に, $f \dot{+} (-g)$ を $f \dot{-} g$ (または $f-g$) と書く.

2 次形式と 2 次加群との関連を示す諸命題を挙げよう.

定義 4′ 2 変数の 2 次形式 $f(X_1, X_2)$ は

$$f \sim X_1 X_2 \sim X_1^2 - X_2^2$$

が成り立つとき**双曲型**と呼ばれる.

(f が双曲型であることは f と対応する加群 (k^2, f) が双曲型平面となることを意味する. 定義 4 参照.) ——

$x \in k^n$, $x \neq 0$ が存在し $f(x)=a \in k$ となるとき f は a を**表現する** (represent)

という．特に f に対応する加群が零とは異なる等方的元を含むとき，また，そのときに限って，f は0を表現する．

命題 3′　f が0を表現し非退化ならば $f\sim f_2\dot{+}g$，ただし f_2 は双曲型．さらにこのとき f は k の全ての元を表現する．——

これは命題3とその系の言い換えにすぎない．

系 1　$g=g(X_1,\cdots,X_{n-1})$ を非退化2次形式，$a\in k^*$ とすると (i)-(iii) は互いに同値である：

(i)　g は a を表現する．

(ii)　$g\sim h\dot{+}aX^2$，ただし h は $n-2$ 変数2次形式．

(iii)　$f=g\dot{-}aY^2$ は0を表現する．——

(ii)⇒(i) は明らか．逆に g が a を表現すれば，g に対応する加群 V の元 x で，$x\cdot x=a$ となるものがある．$H=\{x\}^0$ とすれば $V=H\hat{\oplus}kx$．ここで H の基底を一つとり，それによって定まる2次形式を h と書けば $g\sim h\dot{+}aX^2$．

(ii)⇒(iii) は明らか．逆に $f=g-aY^2$ が自明ではない零点 $(x_1,\cdots,x_{n-1},y)$ を持つとしよう．$y=0$ ならば g は0を，したがって a をも表現する．$y\neq 0$ ならば $g(x_1/y,\cdots,x_{n-1}/y)=a$．ゆえに (iii)⇒(i)．

系 2　g,h を階数 $\geqq 1$ の非退化形式，$f=g\dot{-}h$ とする．このとき (a),(b),(c) は互いに同値である：

(a)　f は0を表現する．

(b)　g,h の双方によって表現される $a\in k^*$ がある．

(c)　$g\dot{-}aX^2$，$h\dot{-}aX^2$ がともに0を表現するような $a\in k^*$ がある．——

(b)⟺(c) は系1より導かれる．(b)⇒(a) は自明．(a)⇒(b) を示そう．f の自明でない零点を (x,y) とする．ここで $g(x)=h(y)$．もし，$a=g(x)=h(y)\neq 0$ ならば (b) は成り立つ．$a=0$ ならば g,h の中の少なくとも一つ，たとえば g は0を表現するから g は k の全ての元，特に k の値で0とは異なるものを表現する．

定理1は2次形式を平方和に分解するという古典的結果に対応している：

定理 1′ f を n 変数 2 次形式とすると，$a_1, \cdots, a_n \in k$ が存在して $f \sim a_1X_1^2 \dot{+} \cdots \dot{+} a_nX_n^2$ となる．——

このとき f の階数は $a_i \neq 0$ となる添数 i の個数に等しい．f の階数は f の判別式 $a_1 \cdots a_n \neq 0$ のとき，またそのときに限って n である．($a_1 \cdots a_n \neq 0$ のとき f は非退化であり，その逆も正しい.)

Witt の定理の系を言い換えれば次の“単純化”定理が得られる．

定理 4 $f = g \dot{+} h$, $f' = g' \dot{+} h'$ がともに非退化であるとする．$f \sim f'$, $g \sim g'$ ならば $h \sim h'$.

系 f が非退化ならば分解

$$f \sim g_1 \dot{+} \cdots \dot{+} g_m \dot{+} h$$

が得られる．ここで $g_1, \cdots, g_m$ は双曲型，h は 0 を表現しない．またこの分解は同形を除いて一意的である．——

分解の存在は命題 3′ から得られ，一意性は定理 4 から得られる．

[双曲型因子の個数 m は f に対応する加群の極大等方的部分空間の次元として特徴づけられる.]

1.7 $\boldsymbol{F}_q$ 上の 2 次形式

p を 2 とは異なる素数，$q = p^f$ とする．

命題 4 $\boldsymbol{F}_q$ 上の 2 次形式で階数 $\geqq 2$ (または $\geqq 3$) のものは $\boldsymbol{F}_q^*$ (または $\boldsymbol{F}_q$) の全ての元を表現する．——

命題 3′ およびその系 1 により 3 変数の 2 次形式は必ず 0 を表現することを示せば十分であるが，その事実は第 1 章 §2 で Chevalley の定理の一つの結果としてすでに示されている．

[上の命題の Chevalley の定理によらない証明を手短かに述べよう．証明すべきことは $a, b, c \in \boldsymbol{F}_q^*$ に対して

$$(*) \qquad ax^2 + by^2 = c$$

が解を持つことである．ここで

$$A = \{ax^2 \mid x \in \boldsymbol{F}_q\}, \qquad B = \{c - by^2 \mid y \in \boldsymbol{F}_q\}$$

と置こう．A, B の元の個数は $(q-1)/2+1=(q+1)/2$ だから $A \cap B \neq \phi$，ゆえに $(*)$ は解を持つ．]

第1章3.1で見たように $\boldsymbol{F}_q^*/\boldsymbol{F}_q^{*2}$ は2個の元から成る．a を $\boldsymbol{F}_q^*$ の元で平方数ではないものとしよう．

命題 5 $\boldsymbol{F}_q$ 上の n 変数非退化2次形式はその判別式が平方数であるか否かにしたがって

$$X_1^2+\cdots+X_{n-1}^2+X_n^2 \quad \text{または} \quad X_1^2+\cdots+X_{n-1}^2+aX_n^2$$

に同値である．——

$n=1$ のときは明らか．$n \geqq 2$ ならば命題4により2次形式は1を表わすから $X_1^2 \dotplus g$ と同値である．ここで g は $n-1$ 変数の2次形式であり，g に帰納法の仮定を適用すれば命題が得られる．

系 $\boldsymbol{F}_q$ 上の非退化2次形式 f, g が同値であるための必要十分条件は f, g の階数が等しく，f, g が同じ判別式を持つことである．

(2次形式の判別式は $\boldsymbol{F}_q^*/\boldsymbol{F}_q^{*2}$ の元であることは繰り返すまでもあるまい．)

§2 $\boldsymbol{Q}_p$ 上の2次形式

§2では(2.4を除いて) p は素数を意味する．p 進体 $\boldsymbol{Q}_p$ を k と表わす．2次加群，2次形式は全て k 上のものであり非退化であるとする．

2.1 二つの不変量

(V, Q) を階数 n の2次加群，$d(Q)$ をその判別式とする $(d(Q) \in k^*/k^{*2})$．$\boldsymbol{e}=(e_1, \cdots, e_n)$ を V の直交基底とし，$a_i = e_i \cdot e_i$ と置けば

$$d(Q) = a_1 \cdots a_n \pmod{k^{*2}}.$$

(以下 $a \in k^*$ に対して $a \pmod{k^{*2}}$ を単に a とも書く.)

さて, $a, b \in k^*$ に対して第3章1.1で Hilbert 記号 $(a, b)=\pm 1$ を定義した. 今

$$\varepsilon(\boldsymbol{e}) = \prod_{i<j} (a_i, a_j)$$

と置こう. ($n=1$ のときは $\varepsilon(e)=1$ とする.) $\varepsilon(\boldsymbol{e})=\pm 1$ であるが, 実は $\varepsilon(\boldsymbol{e})$ は (V, Q) の**不変量**の一つであることがわかる. すなわち次の定理が成り立つ:

定理 5 $\varepsilon(\boldsymbol{e})$ は直交基底 $\boldsymbol{e}$ の選び方によらない. ——

$n=1$ ならば $\varepsilon(\boldsymbol{e})=1$. $n=2$ のとき $\varepsilon(\boldsymbol{e})=1$ となるためには2次形式 $Z^2-a_1X^2-a_2Y^2$ が0を表現すること, いいかえれば $a_1X^2+a_2Y^2$ が1を表現すること (命題3′系1) が必要十分であるが, この最後の条件は $Q(x)=1$ を満たす $x \in V$ が存在することを意味し, これは $\boldsymbol{e}$ の選び方にはよらない. $n \geqq 3$ のときは n についての帰納法を用いる. 定理2により, $\boldsymbol{e}, \boldsymbol{e}'$ が隣接しているとき $\varepsilon(\boldsymbol{e})=\varepsilon(\boldsymbol{e}')$ がいえることを示せばよい. また, 一般に $(a, b)=(b, a)$ だから $\varepsilon(\boldsymbol{e})$ は e_i の置換によって不変であり, それゆえ $\boldsymbol{e}'=(e_1', \cdots, e_n')$ において $e_1'=e_1$ としてよい. $a'_i=e'_i \cdot e'_i$ と置けば $a_1'=a_1$. ここで $(a, b)(a, c)=(a, bc)$, また $d(Q)=a_1 \cdots a_n$ だから

$$\begin{aligned}\varepsilon(\boldsymbol{e}) &= (a_1, a_2 \cdots a_n) \prod_{2 \leqq i<j} (a_i, a_j) \\ &= (a_1, d(Q)a_1) \prod_{2 \leqq i<j} (a_i, a_j).\end{aligned}$$

同様に

$$\varepsilon(\boldsymbol{e}') = (a_1, d(Q)a_1) \prod_{2 \leqq i<j} (a'_i, a'_j).$$

ところが, $\{e_1\}^0 = ke_2 + \cdots + ke_n = ke_2' + \cdots + ke_n'$ に帰納法の仮定を適用すれば

$$\prod_{2 \leqq i<j} (a_i, a_j) = \prod_{2 \leqq i<j} (a'_i, a'_j)$$

となり求める結果が得られる.

$\varepsilon(\boldsymbol{e})$ を $\varepsilon(Q)$ と書くことにしよう.

言い換え f を n 変数2次形式とし,

$$f \sim a_1X_1^2 + \cdots + a_nX_n^2$$

とするとき

$$d(f) = a_1 \cdots a_n \qquad (\in k^*/k^{*2})$$

$$\varepsilon(f) = \prod_{i<j} (a_i, a_j) \quad (= \pm 1)$$

は f の同値類の**不変量**である.

2.2 k の元の2次形式による表現

補題 (a) $\boldsymbol{F}_2$ 上のベクトル空間 k^*/k^{*2} の元の個数は 2^r で, $p \neq 2$ のとき $r=2$, $p=2$ のとき $r=3$.

(b) $a \in k^*/k^{*2}$, $\varepsilon = \pm 1$ に対して $H_a^\varepsilon = \{x \in k^*/k^{*2} \mid (x, a) = \varepsilon\}$ と置く. H_1^1 は 2^r 個の元からなり, $H_1^{-1} = \phi$. $a \neq 1$ のとき H_a^ε は 2^{r-1} 個の元からなる.

(c) $a, a' \in k^*/k^{*2}$, $\varepsilon, \varepsilon' = \pm 1$ とし $H_a^\varepsilon, H_{a'}^{\varepsilon'} \neq \phi$ とする. このとき $H_a^\varepsilon \cap H_{a'}^{\varepsilon'} = \phi \Longleftrightarrow a = a'$, $\varepsilon = -\varepsilon'$. ——

(a) は第2章3.3で示された. (b) において $a=1$ の場合命題は明らかに成り立つ. $a \neq 1$ のときは写像 $b \longmapsto (a, b)$ によって k^*/k^{*2} から $\{\pm 1\}$ の上への準同形が得られる(第3章1.2定理2). H_a^1 はその核であるから k^*/k^{*2} の超平面, したがって 2^{r-1} 個の元からなる. H_a^{-1} は H_a^1 の補集合(H_a^1 と平行な"アフィン(affine)"超平面)だから 2^{r-1} 個の元からなる. さて, (c) を示そう. H_a^ε, $H_{a'}^{\varepsilon'}$ が空ではなく, 共通部分を持たないならばそのどちらも 2^{r-1} 個の元からなり互いにもう一方の補集合となっている筈である. ゆえに (b) よりこのとき a, a' は1とは異なり, $H_a^1 = H_{a'}^1$. したがって任意の $x \in k^*/k^{*2}$ に対して $(x, a) = (x, a')$. Hilbert 記号は非退化だから $a = a'$. したがって $\varepsilon = -\varepsilon'$. 逆は明らかである.

f を階数 n の2次形式，$d=d(f)$，$\varepsilon=\varepsilon(f)$ としよう．

定理 6 <u>f が0を表現するための必要十分条件は：</u>

(i) $n=2$，$d=-1$ (k^*/k^{*2} <u>の中で</u>)；

(ii) $n=3$，$(-1, -d)=\varepsilon$；

(iii) $n=4$，$d\neq 1$ <u>または</u> $n=4$，$d=1$，$\varepsilon=(-1, -1)$；

(iv) $n\geqq 5$.

(したがって少なくとも5個の変数を持つ2次形式は必ず0を表現する.) ——

定理の証明に入る前に，定理から導かれることがらを一つ挙げよう：

$a\in k^*/k^{*2}$，$f_a=f\dotplus aZ^2$ としよう．f_a が0を表現するためには f が a を表現することが必要十分であることは既に見た (1.6)．ここで，容易にわかるように

$$d(f_a) = -ad, \qquad \varepsilon(f_a) = (-a, d)\varepsilon$$

だから定理6を f_a に適用すれば次の命題が得られる：

系 <u>$a\in k^*/k^{*2}$ とする．f が a を表現するための必要十分条件は：</u>

(i) $n=1$，$a=d$；

(ii) $n=2$，$(a, -d)=\varepsilon$；

(iii) $n=3$，$a\neq -d$ <u>または</u> $n=3$，$a=-d$，$(-1, -d)=\varepsilon$；

(iv) $n\geqq 4$.

(上で，定理6においてと同様，a, d は k^*/k^{*2} の元と考えられている．たとえば，$a\neq -d$ は $a^{-1}(-d)\notin k^{*2}$ を意味する.)

定理6の証明 $f\sim a_1X_1^2+\cdots+a_nX_n^2$ とし $n=2, 3, 4, \geqq 5$ の場合について順次考える．

(i) **$n=2$ の場合**

f が0を表現するためには $-a_1/a_2\in k^{*2}$ が必要十分である．k^*/k^{*2} の中で $-a_1/a_2=-a_1a_2=-d$ だから $-a_1/a_2=1 \Longleftrightarrow d=-1$.

(ii) **$n=3$ の場合**

f が 0 を表現するためには

$$-a_3f \sim -a_3a_1X_1^2 - a_3a_2X_2^2 - X_3^2$$

が 0 を表現することが必要十分である．ところが Hilbert 記号の定義によって後者の2次形式が 0 を表現することは

$$(-a_3a_1, -a_3a_2) = 1$$

が成り立つことを意味する．

$$\begin{aligned}(-a_3a_1, -a_3a_2) &= (-1, -1)(-1, a_1)(-1, a_2)(-1, a_3)(a_1, a_2)(a_1, a_3)(a_2, a_3)\\ &= (-1, -d)\varepsilon\end{aligned}$$

だから

$$(-a_3a_1, -a_3a_2) = 1 \Longleftrightarrow (-1, -d) = \varepsilon.$$

(iii) $n=4$ の場合

命題3′系2により，f が 0 を表現するためには $x \in k^*/k^{*2}$ が存在して

$$a_1X_1^2 + a_2X_2^2, \qquad -a_3X_3^2 - a_4X_4^2$$

がともに x を表現することが必要十分である．上記系(ii)により，このような x は

$$(x, -a_1a_2) = (a_1, a_2), \qquad (x, -a_3a_4) = (-a_3, -a_4)$$

を満たすような k^*/k^{*2} の元として特徴づけられる．A を第1の条件を満たす k^*/k^{*2} の元の集合，B を第2の条件を満たす k^*/k^{*2} の元の集合としよう．f が 0 を表現しないためには $A \cap B = \phi$ が成り立つことが必要十分である．ところで，$a_1 \in A$，$-a_3 \in B$ だから A, B はともに ϕ とは異なる．ゆえにこの節の初めに挙げた補題(c)により，$A \cap B = \phi$ となるためには

$$a_1a_2 = a_3a_4, \qquad (a_1, a_2) = -(-a_3, -a_4)$$

となることが必要十分である．第1の条件は $d=1$ を意味する．また，$d=1$ ならば

$$\begin{aligned}\varepsilon &= (a_1, a_2)(a_1, a_3a_4)(a_2, a_3a_4)(a_3, a_4)\\ &= (a_1, a_2)(a_3, a_4)(a_3a_4, a_3a_4)\end{aligned}$$

だが $(x, x)=(-1, x)$ (第3章1.1命題2公式(4)) より

$$\varepsilon = (a_1, a_2)(a_3, a_4)(-1, a_3a_4)$$
$$= (a_1, a_2)(-a_3, -a_4)(-1, -1).$$

このとき，

$$(a_1, a_2) = -(-a_3, -a_4) \Longleftrightarrow \varepsilon = -(-1, -1)$$

だから $n=4$ の場合に求める結果が得られる．

(iv) $n \geqq 5$ **の場合**

$n=5$ の場合について考えれば十分である．まず，階数2の2次形式は (k^*/k^{*2} の元を少なくとも1個表現するから) 補題および上の系(ii)により少なくとも 2^{r-1} 個の k^*/k^{*2} の元を表現する．同じことは階数 $\geqq 2$ の2次形式についても，もちろん成り立つ．$2^{r-1} \geqq 2$ だから f が d を表現するときもそうでないときも f によって表現される $a \in k^*/k^{*2}$ で d とは異なるものがある．ここで，$n=5$ とすると

$$f \sim aX^2 \dot{+} g$$

で，g は階数4の2次形式，g の判別式は $d/a \neq 1$ だから(iii)により g は0を表現する．したがって f も0を表現し，定理6の証明が完了した．

注意 (1) f として0を表現しない2次形式をとると，上の結果により，k^*/k^{*2} の元で f によって表現されるものの個数は，$n=1$ ならば1，$n=2$ ならば 2^{r-1}，$n=3$ ならば 2^r-1，$n=4$ のときは 2^r となることがわかる．

(2) $\boldsymbol{Q}_p$ 上の5変数の2次形式は必ず0を表現することは上に見た通りである．この結果を一般化しようというものが，Artin 予想である．Artin は $\boldsymbol{Q}_p$ 上の d 次同次多項式は，少なくとも d^2+1 個の変数を持てば必ず自明でない零を持つと予想した．$d=3$ の場合は予想は成立することが示された (たとえば T. Springer, Koninkl. Nederl. Akad. Van Wetenss., 1955, p. 512-516 参照)．一般の場合について Artin 予想が成立するか否かという問題は30年程も未解決のままであったが，ようやく1966年になって G. Terjanian が否定的な

解決を得た．彼によって $\boldsymbol{Q}_2$ 上の18変数の4次同次式で，自明でない零を持たないものがあることが示されたのである．Terjanian はまず多項式

$$n(X, Y, Z) = X^2YZ + Y^2ZX + Z^2XY + X^2Y^2 + Y^2Z^2 + Z^2X^2 - X^4 - Y^4 - Z^4$$

を考え，(x, y, z) が $(\boldsymbol{Z}_2)^3$ の原始的元であれば，$n(x, y, z) \equiv -1 \pmod 4$ となることに注意した．ここで

$$f(X_1, \cdots, X_9) = n(X_1, X_2, X_3) + n(X_4, X_5, X_6) + n(X_7, X_8, X_9)$$

と置けば，$(x_1, \cdots, x_9)$ が原始的であるとき，$f(x_1, \cdots, x_9) \not\equiv 0 \pmod 4$．このことを用いれば多項式

$$F(X_1, \cdots, X_{18}) = f(X_1, \cdots, X_9) + 4f(X_{10}, \cdots, X_{18})$$

が自明ではない零を持たないことが容易にわかる．(他の $\boldsymbol{Q}_p$ についても類似の例があるが，それらの多項式の次数はずっと高い．)

しかしながら，Artin 予想は“殆ど”成り立つことが知られている．すなわち次数 d が与えられたとき，有限個の例外を除いて，全ての素数 p について予想は正しいのである (Ax-Kochen, Amer. J. of Math., 1965)．ところが，それらの有限個の例外となる素数を決定するという問題は $d=4$ のときでさえ未解決である．

2.3 類　別

定理 7 k 上の2次形式 f, g が同値であるための必要十分条件は f, g の階数が等しく，$d(f)=d(g)$，$\varepsilon(f)=\varepsilon(g)$ が成り立つことである．——

$f \sim g$ ならば f, g は等しい階数，等しい不変量を持つ．逆も成り立つことを示すために f, g の階数 n についての帰納法を用いる．まず，$n=0$ のときには自明．また定理6の系より $d(f)=d(g)$，$\varepsilon(f)=\varepsilon(g)$ ならば f, g は k^*/k^{*2} の同じ元 a を表現することがわかる．したがって，

$$f \sim aX^2 \dotplus f', \qquad g \sim aX^2 \dotplus g'$$

と書け，f', g' は階数 $n-1$ の2次形式となる．ここで

$$d(f') = ad(f) = ad(g) = d(g')$$

$$\varepsilon(f') = \varepsilon(f)(a, d(f')) = \varepsilon(g)(a, d(g')) = \varepsilon(g')$$

だから帰納法の仮定により $f' \sim g'$，したがって $f \sim g$.

系 階数4で0を表現しない2次形式は，同形を除いて一つ，まただ一つ存在する．$(a, b) = -1$ のとき，その2次形式は $X^2 - aY^2 - bZ^2 + abT^2$ である．——

定理6により上の条件を満たす2次形式は $d(f) = 1$，$\varepsilon(f) = -(-1, -1)$ によって特徴づけられ，上に与えられた2次形式がこれらの特徴を持つことは直ちにわかる．

注意 上の2次形式は $\boldsymbol{Q}_p$ 上4次元の非可換体 K の被約ノルム (reduced norm) 形式として特徴づけられる；体 K はただ一つ存在し $(a, b) = -1$ のとき基底 $\{1, i, j, ij\}$ を持ち $i^2 = a$，$j^2 = b$，$ij = -ji$ を満たす4元数体として定められる．

命題 6 $n \geqq 1$, $d \in k^*/k^{*2}$, $\varepsilon = \pm 1$ とする．階数 n の2次形式 f が存在し $d(f) = d$，$\varepsilon(f) = \varepsilon$ となるためには，

$$n = 1,\ \varepsilon = 1;\ \text{または}\ \ n = 2,\ d \neq -1;$$

$$\text{または}\ \ n = 2,\ \varepsilon = 1;\ \text{または}\ \ n \geqq 3$$

が成り立つことが必要十分である．——

$n = 1$ のときは ε の定義より $\varepsilon = 1$，また任意の d に対して f が存在する．$n = 2$ のとき $f \sim aX^2 + bY^2$ とすれば $d(f) = ab$，$\varepsilon(f) = (a, b) = (a, -ab) = (a, -d)$. ここで $d(f) = -1$ ならば $\varepsilon(f) = 1$ である．($a = 1$，$b = -1$ とすれば $d(f) = -1$.) また，任意の d に対して $(1, -d) = 1$ だから $\varepsilon(f) = 1$，$d(f) = d$ を満たす階数2の2次形式 f は存在する．($a = 1$, $b = d$ と置けばよい．) さて $d \neq -1$ ならば，与えられた $\varepsilon = \pm 1$ に対して $(a, -d) = \varepsilon$ を満たすような $a \in k^*$ が存在する．$f = aX^2 + adY^2$ と置けば $d(f) = d$，$\varepsilon(f) = \varepsilon$. $n = 3$ のとき，与えられた d に対して $a \in k^*/k^{*2}$ を $-d$ とは異なるように選べば $ad \neq -1$. ゆえに $n = 2$ の場合のこと

を用いれば階数2の2次形式 g が存在し $d(g)=ad$, $\varepsilon(g)=\varepsilon(a, -d)$ が満たされる．$f=aX^2\dot{+}g$ と置けば $d(f)=d$, $\varepsilon(f)=\varepsilon$. $n\geqq 4$ の場合には, $g(X_1, X_2, X_3)$ を $d(g)=d$, $\varepsilon(g)=\varepsilon$ となるようにとり $f=g\dot{+}X_4^2\dot{+}\cdots\dot{+}X_n^2$ と置けばよい．

系 $\boldsymbol{Q}_p$ 上の階数 n の2次形式の類の数は $p\neq 2$ (または $p=2$) のとき, $n=1$ ならば4(または8), $n=2$ ならば7(または15), $n\geqq 3$ ならば8(または16)である．——

実際 $d(f)$ は4(または8)個の値を取り得, $\varepsilon(f)$ としては2個の値が可能だから命題6より上の系は直ちに導かれる．

2.4 実数体上の2次形式

f を実数体 $\boldsymbol{R}$ 上の階数 n の2次形式とする．よく知られているように, f は次の2次形式と同値である：

$$X_1^2+\cdots+X_r^2-Y_1^2-\cdots-Y_s^2.$$

ここで $r, s\geqq 0$, $r+s=n$; (r, s) は f のみによって決まり f の**符号** (signature) と呼ばれる．r または s が0に等しいとき, すなわち $f(x)$ の符号が一定のとき, f は**定符号** (definite), そうではないとき(すなわち f が0を表わすとき) f は**不定符号** (indefinite) であるという．

不変量 $\varepsilon(f)$ は $\boldsymbol{Q}_p$ の場合と同様に定義される．$(-1, -1)=-1$ なので,

$$\varepsilon(f)=(-1)^{s(s-1)/2}=\begin{cases}1, & s\equiv 0, 1 \pmod 4\\ -1, & s\equiv 2, 3 \pmod 4).\end{cases}$$

また,

$$d(f)=(-1)^s=\begin{cases}1, & s\equiv 0 \pmod 2\\ -1, & s\equiv 1 \pmod 2).\end{cases}$$

こうして, $(\varepsilon(f), d(f))$ は s の mod 4 の剰余類によって定まる．したがって, $n\leqq 3$ のときに f の同値類は n および $(\varepsilon(f), d(f))$ によって決定される．

同様に, 定理6およびその系の(i), (ii), (iii)が $\boldsymbol{R}$ 上で成り立つことも確か

められる(実際これらの証明において用いられた本質的なことはHilbert記号の非退化性だったが，これは$\boldsymbol{R}$の場合にも成り立つ)．一方，命題(iv)(定理6とその系の)は成り立たないことも明らかである．

§3　$\boldsymbol{Q}$上の2次形式

この節では2次形式はすべて$\boldsymbol{Q}$上で定義され，非退化であるとする．

3.1　2次形式の不変量

第3章§2と同様，Vによって全ての素数と記号∞からなる集合を表わすこととし，$\boldsymbol{Q}_\infty=\boldsymbol{R}$とする．

$f\sim a_1X_1^2+\cdots+a_nX_n^2$を階数$n$の2次形式とする．ここで$f$に次の(a), (b), (c)に述べられる不変量を対応させる：

(a)　判別式 $d(f)=a_1\cdots a_n\in \boldsymbol{Q}^*/\boldsymbol{Q}^{*2}$.

(b)　$v\in V$に対して包含写像$\boldsymbol{Q}\to\boldsymbol{Q}_v$があり，$f$は$\boldsymbol{Q}_v$の2次形式と見なされる(これを$f_v$と表わす)．$f_v$の不変量を$d_v(f), \varepsilon_v(f)$と書こう．明らかに$d_v(f)$は$d(f)$の$\boldsymbol{Q}^*/\boldsymbol{Q}^{*2}\to\boldsymbol{Q}_v^*/\boldsymbol{Q}_v^{*2}$による像である．また

$$\varepsilon_v(f)=\prod_{i<j}(a_i, a_j)_v.$$

積公式(第3章2.1定理3)により

$$\prod_{v\in V}\varepsilon_v(f)=1.$$

(c)　実2次形式f_∞の符号(r, s).

不変量$d_v(f), \varepsilon_v(f)$および(r, s)はfの**局所的不変量**とも呼ばれる．

3.2 2次形式による数の表現

定理 8(Hasse-Minkowski) f が0を表現するための必要十分条件は全ての $v\in V$ に対して f_v が0を表現することである.

(別のいい方をすれば f が "global" (大局的) な0を持つためには f が至る所で "local" (局所的) な0を持つことが必要十分である.) ——

必要性は自明である. 十分性を示すために f を

$$f=a_1X_1^2+\cdots+a_nX_n^2,\qquad a_i\in\boldsymbol{Q}^*$$

と書こう. f を a_1f に置き換えれば $a_1=1$ としてよい.

$n=2,3,4$ および $\geqq 5$ の場合についてそれぞれ考える.

(i) $n=2$ **の場合**

$f=X_1^2-aX_2^2$ と書ける. f_∞ は0を表現するから $a>0$. ここで a を

$$a=\prod_p p^{v_p(a)}$$

と書けば, f_p が0を表現するから a は $\boldsymbol{Q}_p^{*2}$ に属し, したがって $v_p(a)$ は偶数である. ゆえに a は $\boldsymbol{Q}^{*2}$ に属し, f は0を表現する.

(ii) $n=3$ **の場合** (Legendre)

$f=X_1^2-aX_2^2-bX_3^2$ と書ける. a,b に平方数を掛けてもよいから, a,b は平方因子を持たない整数であるとしてよい (すなわち $v_p(a),v_p(b)=0,1$). また $|a|\leqq|b|$ と仮定することができる. さて, $m=|a|+|b|$ に関する帰納法を用いよう. $m=2$ ならば

$$f=X_1^2\pm X_2^2\pm X_3^2$$

だが f_∞ が0を表現するから $X_1^2+X_2^2+X_3^2$ の場合は除かれる. その他の場合に f が0を表現することは明らかである.

$m>2$ としよう. このとき $|b|\geqq 2$ である. b は

$$b=\pm p_1\cdots p_k$$

の形に書かれる (p_i は素数, $p_i\neq p_j$ $(i\neq j)$). p を p_i の一つとする. ここで a は

p を法として平方数となることがいえる．$a\equiv 0 \pmod p$ ならばそれは自明である．そうでないとき a は p 進単数であり，仮定により $(x, y, z)\in(\boldsymbol{Q}_p)^3$ があって

$$z^2-ax^2-by^2=0$$

となり，ここで (x, y, z) は原始的であるとしてよい(第2章2.1命題6参照)．ここで $z^2-ax^2\equiv 0 \pmod p$．ゆえに，もしも $x\equiv 0 \pmod p$ ならば $z\equiv 0 \pmod p$，したがって $p^2|by^2$ だが $v_p(b)=1$ だから，$y\equiv 0 \pmod p$ となり (x, y, z) の原始性に反する．ゆえに $x\not\equiv 0 \pmod p$ であり，これから a が p を法とする平方数であることがわかる．さて $\boldsymbol{Z}/b\boldsymbol{Z}=\prod \boldsymbol{Z}/p_i\boldsymbol{Z}$ だから a は mod b で平方数である．すなわち整数 t, b' があって

$$t^2=a+bb'$$

となるわけである．ところで，$t'=b-t$ ならば $t'^2\equiv t^2 \pmod b$ だから上の t は $|t|\leqq|b|/2$ を満たすとしてよい．ここで $bb'=t^2-a$ より $bb'=(t-\sqrt{a})(t+\sqrt{a})$，ゆえに $k=\boldsymbol{Q}$ または $\boldsymbol{Q}_v$，$a\notin k^{*2}$ のとき bb' は $k(\sqrt{a})/k$ のノルムとなる．このことから(第3章命題1の証明と同様にして) f が k で0を表現するなら $f'=X_1{}^2-aX_2{}^2-b'X_3{}^2$ も k で0を表現し，その逆もいえる．(訳注：$a\in k^{*2}$，$a=\alpha^2 (\alpha\in k)$ なら $(\alpha, 1, 0)$ が $f=f'=0$ の解．$a\notin k^{*2}$, $z^2-ax^2-by^2=0$ なら $y\neq 0$，$b=N(z/y-x/y\sqrt{a})$ $\therefore b'=N(x'-y'\sqrt{a})$ $(x', y'\in k)$ となり $f'(x', y', 1)=0$．逆も同様.) さて，$|b|\geqq 2$ より

$$|b'|=|(t^2-a)/b|\leqq\frac{|b|}{4}-1<|b|$$

が成り立つ．$b'=b''u^2$ のように，b' を平方因子を持たない b'' と整数 u の平方との積として表わせば $|b''|\leqq|b'|<|b|$．ここで帰納法の仮定を使えば

$$f''=X_1^2-aX_2^2-b''X_3^2$$

が $\boldsymbol{Q}$ で0を表現することがわかるが，$f'\sim f''$ なので f' も $\boldsymbol{Q}$ で0を表現する．ゆえに f も $\boldsymbol{Q}$ において0を表現する．

(iii)　$n=4$ の場合

$$f = aX_1^2 + bX_2^2 - (cX_3^2 + dX_4^2)$$

としてよい．$v \in V$ とする．f_v は0を表現するから1.6の命題3′系2により $x_v \in \boldsymbol{Q}_v^*$ で $aX_1^2 + bX_2^2$, $cX_3^2 + dX_4^2$ によって同時に表現されるものがある．定理6の系(ii)により($\boldsymbol{Q}_\infty = \boldsymbol{R}$ に対しても成り立つ命題だが)，上のことは次の式に帰着する：

$$(x_v, -ab)_v = (a, b)_v, \qquad (x_v, -cd)_v = (c, d)_v.$$

ここで $\prod_{v \in V}(a, b)_v = \prod_{v \in V}(c, d)_v = 1$ だから第3章2.2定理4を用いれば $x \in \boldsymbol{Q}^*$ が存在し

$$(x, -ab)_v = (a, b)_v, \qquad (x, -cd)_v = (c, d)_v \qquad (v \in V)$$

が成り立つことがわかる．さて，このことは $aX_1^2 + bX_2^2 - xZ^2$ が各 $\boldsymbol{Q}_v$ で0を表現することを意味するから，$n=3$ の場合に見たように，この2次形式は $\boldsymbol{Q}$ で0を表現する．したがって $aX_1^2 + bX_2^2$ は $\boldsymbol{Q}$ で x を表現し，同じことは $cX_3^2 + dX_4^2$ についてもいえるから f は $\boldsymbol{Q}$ で0を表現する．

(iv)　**$n \geqq 5$ の場合**

n についての帰納法を用いる．まず $h = a_1X_1^2 + a_2X_2^2$, $g = -(a_3X_3^2 + \cdots + a_nX_n^2)$ と置けば

$$f = h \dotplus g.$$

S として ∞，2および $i \geqq 3$ に対して $v_p(a_i) \neq 0$ となるような素数 p 全体からなる V の部分集合を考える．S は有限集合である．$v \in S$ とする．f_v は0を表現するから $a_v \in \boldsymbol{Q}_v^*$ が存在して適当な $x_i^v \in \boldsymbol{Q}_v$ $(i=1, \cdots, n)$ に対し

$$h(x_1^v, x_2^v) = a_v = g(x_3^v, \cdots, x_n^v)$$

となる．ところが $\boldsymbol{Q}_v^{*2}$ は $\boldsymbol{Q}_v^*$ の開部分群(第2章3.3参照)だから近似定理(第3章2.2補題2)より $\boldsymbol{Q}$ の元 x_1, x_2 が存在し $h(x_1, x_2)/a_v \in \boldsymbol{Q}_v^{*2}$ が S の全ての元 v に対して成り立つことがわかる．$a = h(x_1, x_2)$, $f_1 = aZ^2 \dotplus g$ と置こう．ここで f_1 は V の任意の元 v に対して $\boldsymbol{Q}_v$ の中で0を表現することがわかる．実際 $v \in S$ ならば g は $\boldsymbol{Q}_v$ の中で a_v を表現し，$a/a_v \in \boldsymbol{Q}_v^{*2}$ だから a をも表現する．

したがって $v\in S$ のとき f_1 は $\boldsymbol{Q}_v$ の中で0を表現する．$v\notin S$ のときは g の係数 $-a_3, \cdots, -a_n$ は v 進単数だから $d_v(g)$ も v 進単数であり，$v\neq 2$ だから $\varepsilon_v(g)=1$ となる．g の階数は $\geqq 3$ だから定理6より g は0を表現する（同じ結果は第2章2.2定理1系2をChevalleyの定理と組み合わすことによっても得られる）．したがって $v\notin S$ のときも f_1 は $\boldsymbol{Q}_v$ の中で0を表現する．f_1 の階数は $n-1$ だから帰納法の仮定により f_1 は $\boldsymbol{Q}$ の中で0を表現する．ゆえに，g は $\boldsymbol{Q}$ の中で a を表現し，h も a を表現するから，f が $\boldsymbol{Q}$ で0を表現することがわかる．

系 1 $a\in\boldsymbol{Q}^*$ とする．f が $\boldsymbol{Q}$ の中で a を表現するためには，f が各 $\boldsymbol{Q}_v$ で a を表現することが必要十分である．——

$aZ^2\dot{-}f$ に定理を適用すればよい．

系 2(Meyer) 階数 $\geqq 5$ の2次形式 f が0を表現するためには f が不定であることが必要十分である（f が不定となるためには，f が $\boldsymbol{R}$ で0を表現することが必要十分である）．——

実際，定理6により，f は各 $\boldsymbol{Q}_p$ で0を表現する．

系 3 n を f の階数とする．$n=3$（または $n=4$ かつ $d(f)=1$）としよう．もし f が高々一つの例外を除いて全ての $\boldsymbol{Q}_v$ で0を表現すれば，f は0を表現する．

——

$n=3$ とする．定理6により f が $\boldsymbol{Q}_v$ で0を表現するための必要十分条件は：

$$(*)_v \qquad (-1, -d(f))_v = \varepsilon_v(f)$$

であるが，$(-1, -d(f))_v$, $\varepsilon_v(f)$ はともに積公式（第3章2.1）を満たすので，もし $(*)_v$ が高々一つの例外を除く全ての v について成り立てば，$(*)_v$ は全ての v について成り立つ．したがって，定理8により f は0を表現する．

$n=4$ かつ $d(f)=1$ のときも同様であり，このときは等式 $(*)_v$ として

$$(-1, -1)_v = \varepsilon_v(f)$$

をとればよい．

注意 (1) $n=2$ とし f が有限個の例外を除いて全ての $\boldsymbol{Q}_v$ で0を表現する

とする．このとき算術級数の定理を用いて f は0を表現することが示される(第6章4.4参照)．

（2） f が次数 $\geqq 3$ の同次多項式の場合，定理8は，必ずしも成り立たない．たとえば Selmer によって示されたように

$$3X^3+4Y^3+5Z^3=0$$

は各 $\boldsymbol{Q}_v$ において自明ではない解を持つが，$\boldsymbol{Q}$ では $(0,0,0)$ 以外の解を持たない．

3.3 類　別

定理 9 f, f' を $\boldsymbol{Q}$ 上の2次形式とする．f, f' が $\boldsymbol{Q}$ 上同値となるためには，f, f' が各 $\boldsymbol{Q}_v$ の上で同値となることが必要十分である．——

必要性は明らか．十分性を示すために f, f' の階数 n についての帰納法を用いる．(f, f' が $\boldsymbol{Q}_v$ 上で同値であることから f, f' が相等しい階数を持つことは明らか．) $n=0$ のときには証明すべきことはない．$n>0$ ならば f, f' の両方によって表現される $a\in\boldsymbol{Q}^*$ がある(定理8系1)．ゆえに $f\sim aX^2\dotplus g$, $f'\sim aX^2\dotplus g'$. 1.6定理4により全ての $v\in V$ に対して $g\sim g'$ が $\boldsymbol{Q}_v$ 上で成り立つ．帰納法の仮定により $\boldsymbol{Q}$ 上で $g\sim g'$，したがって $f\sim f'$.

系 f, f' の符号を (r, s), (r', s') とするとき，f, f' が同値であるための必要十分条件は：

$d(f)=d(f')$, $(r, s)=(r', s')$ かつ全ての $v\in V$ に対して $\varepsilon_v(f)=\varepsilon_v(f')$ が成り立つことである．

注意 f の不変量 $d(f)$, $\varepsilon_v(f)$ および (r, s) は勝手にとることはできない．それらの間には次のような関係がある：

（1） 殆ど全ての $v\in V$ について $\varepsilon_v=1$ かつ $\prod_{v\in V}\varepsilon_v=1$;

（2） $n=1$ または2で d の $\boldsymbol{Q}_v^*/\boldsymbol{Q}_v^{*2}$ の中への像 $d_v=-1$ のとき $\varepsilon_v=1$;

（3） $r, s\geqq 0$, 　$r+s=n$;

（4） $d_\infty=(-1)^s$;

(5) $\varepsilon_\infty=(-1)^{s(s-1)/2}$. ——

逆に：

命題 7 $d, (\varepsilon_v)_{v\in V}, (r, s)$を上の(1)から(5)を満たすようにとると，$\boldsymbol{Q}$上$n$階の2次形式で$d, (\varepsilon_v)_{v\in V}, (r, s)$を不変量とするものが存在する. ——

$n=1$の場合には自明である.

$n=2$の場合を考えよう. $v\in V$とする. Hilbert 記号の非退化性および上の(2)から$x_v\in\boldsymbol{Q}_v^*$が存在して$(x_v, -d)_v=\varepsilon_v$を満たすことがわかる. この事実および上の(1)により$x\in\boldsymbol{Q}^*$が存在して全ての$v\in V$に対して$(x, -d)_v=\varepsilon_v$となることが導かれる(第3章2.2定理4). 2次形式xX^2+xdY^2は条件を満たす.

$n=3$とする.

$$S=\{v\in V\,|\,(-d, -1)_v=-\varepsilon_v\}$$

と置こう. 殆ど全てのvに対して$(-d, -1)_v, \varepsilon_v$はともに1だから$S$は有限集合である. $v\in S$に対して$\boldsymbol{Q}_v^*/\boldsymbol{Q}_v^{*2}$の元$c_v$を$-d$の像$-d_v$とは異なるように選ぶ. 近似定理によれば(第3章2.2補題2), $c\in\boldsymbol{Q}^*$が存在して各$v\in S$についてcの$\boldsymbol{Q}_v^*/\boldsymbol{Q}_v^{*2}$への像が$c_v$と一致することがわかる. さて，このとき$v\in S$ならば$c_vd_v\neq-1$; 一方，$c_vd_v=-1$ならば$v\notin S$だから$(-d, -1)_v=\varepsilon_v$, ゆえに$(c, -d)_v\varepsilon_v=(c, -d)_v(-1, -d)_v=(d_v, -d_v)_v=1$. したがって上に見たように，階数2の2次形式$g$があって$d(g)=cd$, $\varepsilon_v(g)=(c, -d)_v\varepsilon_v$ $(v\in V)$が満たされる. ここで$f=cX^2\dotplus g$と置けば，fは条件を満たす. ($n\leqq3$のときには，(3)のr, sは$d_\infty, \varepsilon_\infty$と(4), (5)によって定まるので，条件(3), (4), (5)は無視できる.)

$n\geqq4$のときはnについての帰納法を用いる. まず$r\geqq1$の場合を考えよう. このとき帰納法の仮定により階数$n-1$の2次形式gで, 不変量として$d, (\varepsilon_v)_{v\in V}$, $(r-1, s)$を持つものがある. $f=X^2\dotplus g$と置けば条件が満たされる. $r=0$のときは，階数$n-1$の2次形式hを$-d, \varepsilon_v(-1, -d)_v, (0, n-1)$を不変量として持つようにとり，$f=-X^2\dotplus h$と置けばよい.

補遺　3平方数の和

n, p を正整数とする．n が環 $\boldsymbol{Z}$ の上で2次形式 $X_1^2+\cdots+X_p^2$ によって表わされるとき，すなわち $n_1, \cdots, n_p \in \boldsymbol{Z}$ が存在して

$$n = n_1^2+\cdots+n_p^2$$

と書けるとき n は p(個の)平方数の和であるという．

定理 (Gauss)　正整数 n が3個の平方数の和となるためには，n が $4^a(8b-1)$ $(a, b \in \boldsymbol{Z})$ という形に書けないことが必要十分である．

(特に n が4の倍数でないときには，n が3平方数の和となるための必要十分条件は $n \equiv 1, 2, 3, 5, 6 \pmod 8$ が成り立つことである．)

証明　$n \neq 0$ としてよい．"$n=4^a(8b-1)$" という条件は "$-n \in \boldsymbol{Q}_2^{*2}$" という条件と同値である(第2章3.3定理4)．さて次の結果が示される：

補題 A　$a \in \boldsymbol{Q}^*$ とする．a が $\boldsymbol{Q}$ の上で2次形式 $f=X_1^2+X_2^2+X_3^2$ によって表現されるための必要十分条件は，$a>0$ しかも $-a \notin \boldsymbol{Q}_2^{*2}$ となることである．

——

定理8系1により a が $\boldsymbol{Q}$ 上 f によって表現されるためには，a が $\boldsymbol{R}$ および各 $\boldsymbol{Q}_p$ 上で f によって表現されることが必要十分である．a が $\boldsymbol{R}$ 上 f によって表現されるための条件は $a>0$．他方 $d_p(f)=1$，$\varepsilon_p(f)=1$ だから奇素数 p について

$$(-1, -d_p(f))_p = (-1, -1)_p = 1 = \varepsilon_p(f)$$

となり定理6系により a は必ず $\boldsymbol{Q}_p$ 上 f によって表現されることがわかる．また，$p=2$ のときには

$$(-1, -d_2(f))_2 = -1 \neq \varepsilon_2(f)$$

だから上と同じ系により a が $\boldsymbol{Q}_2$ 上 f で表現されるための必要十分条件は a が $\boldsymbol{Q}_2^*/\boldsymbol{Q}_2^{*2}$ で -1 と異なることであることがわかる．これは，すなわち $-a \notin \boldsymbol{Q}_2^{*2}$

を意味する．

さて，ここで $\boldsymbol{Q}$ 上での表現から $\boldsymbol{Z}$ 上での表現へ移るのであるが，そのために次の補題が使われる：

補題 B (Davenport-Cassels) $f(X)=\sum_{i,j=1}^{p} a_{ij}X_iX_j$ を正の定符号2次形式とし，(a_{ij}) は整係数対称行列とする．ここで次の条件が満たされているとする：

(H) 任意の $x=(x_1,\cdots,x_p)\in\boldsymbol{Q}^p$ に対して $y\in\boldsymbol{Z}^p$ が存在し，$f(x-y)<1$ が満たされる．

このとき $n\in\boldsymbol{Z}$ が $\boldsymbol{Q}$ 上で f によって表現されるならば，n は $\boldsymbol{Z}$ 上でも f によって表現される．——

$\boldsymbol{Q}^p$ の元 $x=(x_1,\cdots,x_p)$，$y=(y_1,\cdots,y_p)$ に対して，それらの内積を $x\cdot y=\sum a_{ij}x_iy_j$ とおいて定義しよう．特に $x\cdot x=f(x)$ である．

n を f によって $\boldsymbol{Q}$ 上表現される整数とする．ここで適当な正整数 t をとれば，$t^2n=x\cdot x$ を成り立たせるような $x\in\boldsymbol{Z}^p$ が存在する．t,x を適当に選んで t が最小になるようにしよう．このとき $t=1$ となることを示すことが目的である．

条件(H)が満たされていることより，$y\in\boldsymbol{Z}^p$ が存在し

$$\frac{x}{t}=y+z,\qquad z\cdot z<1$$

が満たされる．

もし，$z\cdot z=0$ ならば $z=0$，ゆえに $\frac{x}{t}\in\boldsymbol{Z}^p$ となる．t の最小性よりこのとき $t=1$ となる．

$z\cdot z\neq 0$ としよう．ここで

$$a=y\cdot y-n,\qquad b=2(nt-x\cdot y),$$
$$t'=at+b,\qquad x'=ax+by$$

とおく．$a,b,t'\in\boldsymbol{Z}$ である．さらに

$$\begin{aligned} x'\cdot x' &= a^2x\cdot x+2abx\cdot y+b^2y\cdot y \\ &= a^2t^2n+ab(2nt-b)+b^2(n+a) \end{aligned}$$

$$= n(a^2t^2+2abt+b^2)$$
$$= t'^2 n.$$

一方

$$tt' = at^2+bt = t^2 y\cdot y - nt^2+2nt^2-2tx\cdot y$$
$$= t^2 y\cdot y-2tx\cdot y+x\cdot x = (ty-x)\cdot(ty-x)$$
$$= t^2 z\cdot z,$$

したがって，$t'=tz\cdot z$ だが $0<z\cdot z<1$ だから $0<t'<t$．これは t の最小性に反する．こうして補題は証明された．

定理を証明するためには2次形式 $f=X_1^2+X_2^2+X_3^2$ が補題Bの条件(H)を満たすことを確かめればよい．これは，しかし容易である．実際 $(x_1, x_2, x_3)\in\boldsymbol{Q}^3$ に対して $(y_1, y_2, y_3)\in\boldsymbol{Z}$ を $|x_i-y_i|\leqq 1/2\ (i=1, 2, 3)$ が満たされるように選べば $\sum(x_i-y_i)^2\leqq 3/4<1$ である．

系 1 (Lagrange) 任意の正整数は4個の平方数の和として表わされる．

——

n を正整数としよう．$n=4^a m\ (4\nmid m)$ と表わしたとき $m\equiv 1, 2, 3, 5, 6 \pmod 8$ ならば m は3平方数の和となるから n についても同様である．$m\equiv 7 \pmod 8$ のときは $m-1$ が3平方数の和となり，このとき m は4平方数の和として表わされる．n についても同様である．

系 2 (Gauss) 任意の正整数は3個の3角数の和として表わされる．

(**3角数**とは $m(m+1)/2\ (m\in\boldsymbol{Z})$ のように表わされる数のことである．) ——

n を正整数とする．定理を $8n+3$ に適用すれば自然数 x_1, x_2, x_3 を適当にとって

$$x_1^2+x_2^2+x_3^2 = 8n+3$$

と書ける．ここで

$$x_1^2+x_2^2+x_3^2 \equiv 3 \pmod 8.$$

ところが $\boldsymbol{Z}/8\boldsymbol{Z}$ の平方数は $0, 1, 4$ のみだから上の x_1^2, x_2^2, x_3^2 は全て8を法として

1にならなければならない．したがって，x_i は全て奇数となり，$x_i=2m_i+1$ (m_i は自然数) となる．すると

$$\sum_{i=1}^{3}\frac{m_i(m_i+1)}{2}=\frac{\sum_{i=1}^{3}(2m_i+1)^2-3}{8}=\frac{8n+3-3}{8}=n.$$

第5章　判別式 ±1 の整係数 2 次形式

§1　準　　備

1.1　定　　義

n を自然数 $(n\geqq 0)$ とする．次のようなカテゴリー S_n を考察の対象とする：

S_n の対象 E は階数 n の自由 Abel 群（したがって $E\cong \boldsymbol{Z}^n$）で，対称双1次形式 $E\times E\to \boldsymbol{Z}$（$(x, y)\longmapsto x\cdot y$ と記される）を持ち，次の条件を満たすものとする：

(i)　準同形 $E\ni x\longmapsto(y\longmapsto x\cdot y)\in \mathrm{Hom}(E, \boldsymbol{Z})$ は同形である．

容易にわかるように，上の条件は次の条件と同値である (Bourbaki, Alg., 第9章 §2 prop. 3 参照)：

(ii)　(e_i) を E の基底，$a_{ij}=e_i\cdot e_j$ とするとき $\det(a_{ij})=\pm 1$. ——

S_n に属する E, E' が**同形**であるとは，いうまでもなく群としての同形 $f: E\to E'$ が $x\cdot y=f(x)\cdot f(y)$ を満たすことをいい，このとき $E\simeq E'$ と書く．$S=\bigcup_n S_n$, $n=0, 1, 2, \cdots$ として S を定める．

$E\in S_n$ のとき $x\longmapsto x\cdot x$ によって E は $\boldsymbol{Z}$ 上の2次加群の構造を与えられる (第4章 1.1 定義1)．もしも (e_i) が E の基底であり，$x=\sum x_ie_i$ ならば，2次形式 $f(x)=x\cdot x$ は次の式によって与えられる：

$$f(x)=\sum_{i,j} a_{ij}x_ix_j$$
$$=\sum_i a_{ii}x_i^2+2\sum_{i<j} a_{ij}x_ix_j \qquad (a_{ij}=e_i\cdot e_j).$$

したがって，$i\neq j$ のとき x_ix_j の係数は偶数である．f の判別式（すなわち

$\det(a_{ij})$ は ± 1 である．基底 (e_i) を別の基底に置き換えることによって，行列 $A=(a_{ij})$ は ${}^tBAB$ に変わる ($B\in GL(n,\boldsymbol{Z})$)．また，このとき対応する 2 次形式は $f(Bx)$ によって与えられる．こうして得られる 2 次形式は f と**同値**であるという．(これは環 $\boldsymbol{Z}$ 上の同値であり，前章で扱った $\boldsymbol{Q}$ 上の同値よりもデリケートな概念である.)

1.2　S の演算

$E, E'\in S$ としよう．**直和** $E\oplus E'$ を S の元とするために E, E' それぞれの双 1 次形式の直和をとり $x, y\in E$, $x', y'\in E'$ のとき

$$(x+y)\cdot(x'+y') = x\cdot y+x'\cdot y'$$

と置く (Bourbaki, Alg., 第 9 章 § 1 n° 3 参照)．“2 次形式” 論の用語を用いれば，これは第 4 章で $\hat{\oplus}$ と書かれた直交和の概念と対応している．

同様にテンソル積 $E\otimes E'$，外積 $\Lambda^m E$ についても定義を与えることができるが，本書ではこれらについては触れない (Bourbaki，前掲書，n° 9 参照)．

1.3　不 変 量

1.3.1　$E\in S_n$ のとき n を E の**階数** (rank) と呼び $r(E)$ と表わす．

1.3.2　$E\in S$ とし，$V=E\otimes\boldsymbol{R}$ を E の係数を $\boldsymbol{Z}$ から $\boldsymbol{R}$ に拡大して得られる $\boldsymbol{R}$ 上ベクトル空間とする．V の 2 次形式の符号を (r, s) としよう (第 4 章 2.4).

$$\tau(E) = r-s$$

と置いてこれを E の**指数** (index) と呼ぶ．ここで

$$-r(E) \leqq \tau(E) \leqq r(E), \qquad r(E) \equiv \tau(E) \pmod 2.$$

E は，前にも触れたように，$\tau(E)=\pm r(E)$ のとき**定符号** (definite)，そうでないとき**不定符号** (indefinite) と呼ばれる．

1.3.3　E の基底 (e_i) に関する判別式はこの基底の選び方によらずにきまる．実際，基底をとり変えるとき判別式は

$$\det(X^tX)=(\det X)^2$$

倍になり，X は $\boldsymbol{Z}$ 係数の可逆行列であるが，このとき $\det X=\pm 1$ なので判別式は変らないのである．

E の判別式を $d(E)$ と書く．$d(E)=\pm 1$ である．

$V=E\otimes\boldsymbol{R}$ の符号が (r,s) ならば $d(E)=(-1)^s$．よって

$$d(E)=(-1)^{(r(E)-\tau(E))/2}.$$

1.3.4　$E\in S$ とする．E に対応する2次形式の値が全て偶数であるとき，E を**偶**(even)(または **II 型**)であるという；A を E の或る基底によって定まる上記2次形式の行列とすれば，E が偶であるためには A の対角成分が全て偶数となることが必要十分である．

E は偶でないとき**奇**(または **I 型**)であるといわれる．

1.3.5　$E\in S$ とし，$\bar{E}=E/2E$ を E の2を法とする還元(reduction)とする．これは体 $\boldsymbol{F}_2=\boldsymbol{Z}/2\boldsymbol{Z}$ 上の $r(E)$ 次ベクトル空間となる．E の元 x を代表元とする $\bar{E}$ の元を $\bar{x}$ と書けば，対称双1次形式 $\bar{x}\cdot\bar{y}$ $(=x\cdot y \pmod 2)$ が得られる．この形式の判別式は $\pm 1=1$ となる．さらに

$$(\bar{x}+\bar{y})\cdot(\bar{x}+\bar{y})=\bar{x}\cdot\bar{x}+\bar{y}\cdot\bar{y}+2\bar{x}\cdot\bar{y}=\bar{x}\cdot\bar{x}+\bar{y}\cdot\bar{y}$$

だから2次形式 $\bar{x}\cdot\bar{x}$ は加法的である．したがって $\bar{x}\longmapsto\bar{x}\cdot\bar{x}$ は $\bar{E}$ の双対空間 $\bar{E}^*$ の元となる．ところで，双1次形式 $\bar{x}\cdot\bar{y}$ の判別式は1だから $\bar{E}\ni\bar{x}\longmapsto(\bar{y}\longmapsto\bar{x}\cdot\bar{y})\in\bar{E}^*$ は同形写像となる．したがって $\bar{E}$ の元 $\bar{u}$ が自然に定まり，$\bar{E}$ の任意の元 $\bar{x}$ に対して

$$\bar{u}\cdot\bar{x}=\bar{x}\cdot\bar{x}$$

が成り立つ．

E に戻って考えれば，E の元 u が mod $2E$ で定まり

$$u\cdot x\equiv x\cdot x \pmod 2$$

が E の全ての元 x に対して成り立つことになる．ここで整数 $u\cdot u$ について見ると，u を $u+2x$ によって置き換えたとき，$u\cdot u$ は

$$(u+2x)\cdot(u+2x) = u\cdot u+4(u\cdot x+x\cdot x) \equiv u\cdot u \pmod 8$$

によって置き換えられ，$u\cdot u \pmod 8$ は不変である．こうして得られる不変量 $u\cdot u \pmod 8$ を $\sigma(E)$ と書く．E がII型のときには2次形式 $\bar{x}\cdot\bar{x}$ は零形式（すなわち $\bar{x}\cdot\bar{y}$ は**交代形式**）となるので，u としては0をとってよい．このとき $\sigma(E)=0$ となる．

1.3.6　p を素数，$V_p=E\otimes\boldsymbol{Q}_p$ としよう．V_p は $\boldsymbol{Q}_p$ 上のベクトル空間である．第4章2.1で述べた V_p の不変量 $\varepsilon(V_p)=\pm 1$ は，当然 E の不変量でもあり，$\varepsilon_p(E)$ と書かれる．ここで次のことが成り立つ：

$$\varepsilon_p(E) = 1 \qquad (p \neq 2)$$

$$\varepsilon_2(E) = (-1)^j, \qquad j = \frac{1}{4}(d(E)+r(E)-\sigma(E)-1).$$

この公式は今後用いないので，証明はスケッチにとどめよう（J. Cassels, Comm. Math. Helv., 37, 1962, p. 61-64 をも参照．なお，以下の説明は原文を訳者が補ったものである）：$L_p=E\otimes\boldsymbol{Z}_p$ とおく．$x, y\in L_p$ のとき $(x+y)\cdot(x+y)=x\cdot x+2x\cdot y+y\cdot y$．$v_p(x\cdot x)$ が最小になるように $x\in L_p\,(x\neq 0)$ を選ぼう．$p\neq 2$ のとき $v_p(x\cdot x)\leqq v_p(y\cdot y)$，$v_p(x+y\cdot x+y)$ だから上式より $v_p(x\cdot x)\leqq v_p(x\cdot y)$ となる．ゆえにこのとき適当な $a\in\boldsymbol{Z}_p$ が存在し $x\cdot(y-ax)=0$ となる．この事実から容易に L_p が"対角化"出来ること，すなわち L_p の $\boldsymbol{Z}_p$ 上の基底 $v_1, \cdots, v_r$ があって，$v_i\cdot v_j=0\ (i\neq j)$ となることがわかる．$d(E)=\prod v_i\cdot v_i=\pm 1$ だから各 $v_i\cdot v_i$ は p 進単数となり，したがって $\varepsilon_p(E)=1$.

$p=2$ のとき，L_2 の元 x, y をとり，$x\cdot y$ 全体で生成される（$\boldsymbol{Q}_2$ の中の）イデアルを $s(L_2)$ と置こう．もしも $x\in L_2$ が $(x\cdot x)=s(L_2)$ を満たせば $\boldsymbol{Z}_2 x$ は L_2 の直交成分となる．一方，L_2 のどの元 x に対しても $(x\cdot x)\subsetneqq s(L_2)$ となるときには L_2 の元 x, y を $v_2(x\cdot y)$ が最小になるようにとれば $\boldsymbol{Z}_2 x+\boldsymbol{Z}_2 y$ が L_2 の直交成分となることがわかる．こうして L_2 は1階または2階の直交成分の直和として表わされることが証明される（O. T. O'Meara, Introduction to Quadratic

Forms, 第9章 §91 C 参照). たとえば $L_2=\boldsymbol{Z}_2v_1+\boldsymbol{Z}_2v_2$, $v_1\cdot v_2=1$, $v_1\cdot v_1=v_2\cdot v_2=0$ となる場合には $d=-1$, $r=2$, $\sigma=0$ ゆえに $j=0$ となる. 他方, $V_2=L_2\otimes\boldsymbol{Q}_2$ の直交基底として $u_1=v_1+v_2$, $u_2=v_1-v_2$ をとれば $\varepsilon_2=(2,-2)=1$ となる. 一般に, L_2 が2階で $s(L_2)=1$, しかも L_2 のどの元 x に対しても $(x\cdot x)\subsetneqq s(L_2)$ となるときには, L_2 は上記の形になるか, あるいは $L_2=\boldsymbol{Z}_2v_1+\boldsymbol{Z}_2v_2$, $v_1\cdot v_1=2$, $v_1\cdot v_2=1$, $v_2\cdot v_2=2\alpha$ $(\alpha\in\boldsymbol{Z}_2)$ の形になる. 後者のとき

$$j=\frac{1}{4}\{(4\alpha-1)+2-0-1\}=\alpha.$$

また V_2 の $\boldsymbol{Q}_2$ 上直交基底として $\left\{v_1, v_2-\frac{v_1}{2}\right\}$ がとれる. このとき

$$\left(v_2-\frac{v_1}{2}\right)\cdot\left(v_2-\frac{v_1}{2}\right)=2\alpha-\frac{1}{2}=\frac{(4\alpha-1)}{2}$$

ゆえに

$$\varepsilon_2=\left(2,\frac{(4\alpha-1)}{2}\right)=(2,-4\alpha+1)=(-1)^{\omega(1-4\alpha)}.$$

ところが, $(1-4\alpha)^2-1=-8\alpha+16\alpha^2$ だから $(-1)^{\omega(1-4\alpha)}=-1^{-\alpha}=-1^{\alpha}=-1^{j}$.

もう一つ例をあげよう. L_2 が $\boldsymbol{Z}_2$ 基底 v_1, v_2, v_3 を持ち, それに関する2次形式の行列が

$$\begin{bmatrix}1&0&0\\0&2&1\\0&1&2\alpha\end{bmatrix}\qquad(\alpha\in\boldsymbol{Z}_2)$$

と書かれる場合である. このとき $r=3$, $\sigma=1$ としてよい (u としては v_1 がとれる). ゆえに,

$$j=\frac{1}{4}\{(4\alpha-1)+3-1-1\}=\alpha.$$

一方, $\varepsilon_2=(2,(4\alpha-1)/2)=-1^{j}$. 一般の場合にも上記のように L_2 を1階および2階の直交成分の直和に分解して計算を行なうことができる.

1.3.7　$E_1, E_2 \in S$, $E=E_1 \oplus E_2$ としよう．E がII型であるためには，E_1, E_2 がともにII型となることが必要十分である．また次のことが成り立つ：

$$r(E) = r(E_1)+r(E_2), \qquad \tau(E) = \tau(E_1)+\tau(E_2),$$
$$\sigma(E) = \sigma(E_1)+\sigma(E_2), \qquad d(E) = d(E_1)\cdot d(E_2).$$

1.4　例

1.4.1　$\boldsymbol{Z}$ 加群 $\boldsymbol{Z}$ に双1次形式 xy (または $-xy$) を導入しこれを I_+ (または I_-) と記そう；導入された双1次形式に対応する2次形式は x^2 (または $-x^2$) である．

s, t を $\geqq 0$ の整数とするとき $sI_+ \oplus tI_-$ によって s 個の I_+ と t 個の I_- の直和を表わす；対応する2次形式は $\sum_{i=1}^{s} x_i^2 - \sum_{j=1}^{t} y_j^2$ である．この加群の不変量は次のようである：

$$r = s+t, \qquad \tau = s-t, \qquad d = (-1)^t, \qquad \sigma \equiv s-t \pmod 8.$$

自明な場合 $(s, t)=(0, 0)$ を除けば $sI_+ \oplus tI_-$ はI型の加群となる．

1.4.2　S_2 の元で，行列 $\begin{bmatrix} 0 & 1 \\ 1 & 0 \end{bmatrix}$ によって定義される加群を U と書く．対応する2次形式は $2x_1x_2$ であり，U はII型である．このとき

$$r(U) = 2, \qquad \tau(U) = 0, \qquad d(U) = -1, \qquad \sigma(U) = 0.$$

1.4.3　k を $\geqq 0$ となる整数，$n=4k$, V を $\boldsymbol{Q}$ 上のベクトル空間 $\boldsymbol{Q}^n$ とし，V に双1次形式 $\sum x_i^2$ を導入する；これは単位行列に対応する形式に他ならない．E_0 を V の部分加群で座標が全て整数のみからなるものとし，V の双1次形式によって定まる双1次形式を持つものとすれば，E_0 は S_n の元で nI_+ と同形になる．E_1 を E_0 の部分加群で，

$$E_1 = \{x \in E_0 \,|\, x\cdot x \equiv 0 \pmod 2\}$$

によって与えられるものとしよう．$x=(x_i)$ と座標を用いて表わせば，$x_i^2 \equiv x_i \pmod 2$ だから

$$E_1 = \{(x_i) \in E_0 \,|\, \textstyle\sum x_i \equiv 0 \pmod 2\}$$

である．$k>0$ のとき，$e_1=(1,0,\cdots,0)\in E_0-E_1$，また $x\in E_0-E_1$ ならば $x-e_1\in E_1$ だから

$$(E_0:E_1)=2.$$

V の部分加群で E_1 および $e=(1/2,\cdots,1/2)$ によって生成されるものを E と記そう．$n\equiv 0 \pmod 4$ だから $2e\in E_1$ である．したがって $(E:E_1)=2$．V の元 $x=(x_i)$ が E に含まれるための必要十分条件は

$$2x_i\in \boldsymbol{Z},\qquad x_i-x_j\in \boldsymbol{Z},\qquad \sum x_i\in 2\boldsymbol{Z}$$

が全て満たされることである．特に $x\in E$ のとき $x\cdot e=\frac{1}{2}\sum x_i\in \boldsymbol{Z}$．また，$e\cdot e=k$ だから，$x,y\in E$ のとき $x\cdot y\in \boldsymbol{Z}$ となることがわかる．一方，$(E:E_1)=2$ より E,E_1 の $\boldsymbol{Z}$ 基底 $(v_1,\cdots,v_n)$，$(u_1,\cdots,u_n)$ があり，$X(v_1,\cdots,v_n)=(u_1,\cdots,u_n)$ $(X\in M_n(\boldsymbol{Z}))$，$\det X=2$ を満たす X がある．したがって，$d(E_1)=(\det X)^2d(E)=4d(E)$．同様に $d(E_1)=4d(E_0)=4$ だから $d(E)=1$ である．ゆえに $E\in S_n=S_{4k}$．この E を Γ_n と記す．k が偶数のとき（すなわち，$n\equiv 0 \pmod 8$ のとき）$e\cdot e=k\equiv 0 \pmod 2$ となり，これから E の任意の元 x に対して，$x\cdot x\equiv 0 \pmod 2$ となることがわかる．Γ_n は，したがって，$n\equiv 0 \pmod 8$ のときII型である．このとき：

$$r(\Gamma_{8m})=8m,\qquad \tau(\Gamma_{8m})=8m,\qquad \sigma(\Gamma_{8m})=0,\qquad d(\Gamma_{8m})=1.$$

Γ_8 については特に興味深い．$x\cdot x=2$ を満たす Γ_8 の元 x は240個ある（より一般に，第7章6.6で示されるように，N を $\geqq 1$ となる整数とすれば，$x\cdot x=2N$ を満たす Γ_8 の元 x の個数は N の約数の立方の和の240倍に等しい）．$\boldsymbol{Q}^8$ の標準的基底を $(e_1,\cdots,e_8)$ と書くとき，それらは次のものである：

$$\pm e_i\pm e_k\quad (i\neq k),\qquad \frac{1}{2}\sum_{i=1}^{8}\varepsilon_i e_i,\qquad \varepsilon_i=\pm 1,\qquad \prod_{i=1}^{8}\varepsilon_i=1.$$

[これらのベクトル同士の内積は全て整数である．これらは Lie 群論で“E_8 型のルート系”と呼ばれるものを形成する (Bourbaki, Gr. et Alg. de Lie, 第6章 §4 n° 10 参照).]

Γ_8 の基底として次のものがとれる：

$$\frac{1}{2}(e_1+e_8)-\frac{1}{2}(e_2+\cdots+e_7),\qquad e_1+e_2,\qquad e_i-e_{i-1}\qquad (2\leqq i\leqq 7).$$

この基底に対応する2次形式の行列は次の通り：

$$\Gamma_8=\begin{bmatrix} 2 & 0 & -1 & 0 & 0 & 0 & 0 & 0 \\ 0 & 2 & 0 & -1 & 0 & 0 & 0 & 0 \\ -1 & 0 & 2 & -1 & 0 & 0 & 0 & 0 \\ 0 & -1 & -1 & 2 & -1 & 0 & 0 & 0 \\ 0 & 0 & 0 & -1 & 2 & -1 & 0 & 0 \\ 0 & 0 & 0 & 0 & -1 & 2 & -1 & 0 \\ 0 & 0 & 0 & 0 & 0 & -1 & 2 & -1 \\ 0 & 0 & 0 & 0 & 0 & 0 & -1 & 2 \end{bmatrix}.$$

$m\geqq 2$ のときには，Γ_{8m} の元 x で $x\cdot x=2$ を満たすものとしては，$\pm e_i\pm e_k\,(i\neq k)$ のみがある．$m=1$ の場合と異なり，これらの元は Γ_{8m} の生成元とはならない．したがって $\Gamma_8\oplus\Gamma_8$ は Γ_{16} とは同形にならないことがわかる．

1.5　群　$K(S)$

$E, E'\in S$ としよう．S の元 F が存在して $E\oplus F\simeq E'\oplus F$ となるとき，E と E' は**定常的に同形** (stably isomorphic) といわれる．これは S の元の間の同値関係を与える．こうして得られる同値関係による S の商集合を $K_+(S)$ と記し，S の元 E の属する類を (E) によって表わす．S の演算$\oplus$は商集合に演算を定める．この演算を＋と表わせば，

$$(E\oplus E')=(E)+(E')$$

となり，＋は交換則，結合則を満たし，$0\in S$ の類 0 を単位元として持つ．さらに $x, y, z\in K_+(S)$ に対して $x+z=y+z$ が成り立てば，$x=y$ となることが直ちに確かめられる．このことを用いると，0以上の整数全体の集合 $\boldsymbol{Z}_+$ から $\boldsymbol{Z}$ を構成するのと同じ方法で，$K_+(S)$ から群 $K(S)$ を構成することができる．すなわち，$K(S)$ の元は $K_+(S)$ の元 x, y の組 (x, y) で，二つの組 $(x, y), (x', y')$ は

$x+y'=y+x'$ が成り立つとき，また，そのときに限って同一視されるのである．$K(S)$ における演算は

$$(x,y)+(x',y')=(x+x',\ y+y')$$

によって定められる．こうして $K(S)$ は可換群となり，$(0,0)$ を単位元として持つ．$K_+(S)$ の元 x に $(x,0)$ を対応させることによって，$K_+(S)$ は $K(S)$ の部分集合と見なされる．$K(S)$ の任意の元は $K_+(S)$ の2元の差として表わされるから，S の元 E,F をとって $(E)-(F)$ のように書ける．$K(S)$ において

$$(E)-(F)=(E')-(F')$$

が成り立つための必要十分条件は，S の元 G が存在して

$$E\oplus F'\oplus G\simeq E'\oplus F\oplus G$$

となること，すなわち $E\oplus F'$ と $E'\oplus F$ が定常的に同形となることである．

$K(S)$ **の普遍性** (universality)　——A を可換群，$f:S\to A$ を次の条件を満たす写像とする：

$$E\simeq E_1\oplus E_2 \quad のとき \quad f(E)=f(E_1)+f(E_2).$$

f はこのとき**加法的** (additive) であるといわれる．いま，さらに $E,E'\in S$，$E\simeq E'$ のとき $f(E)=f(E')$ となるとする．ここで，$x=(E)-(F)\in K(S)$ に対して $f(x)=f(E)-f(F)$ とおけば，これは x の表わし方によらずに定まる．こうして写像 $f:K(S)\to A$ が定まるが，f は直ちにわかるように群の準同形である．逆に準同形 $f:K(S)\to A$ が与えられたとき，写像 $S\to K(S)$ と f を合成することによって S から A への加法的写像が得られる．このように $K(S)$ は "普遍性" を持ち，この事実を $K(S)$ は S の，演算 $\oplus$ に関する **Grothendieck 群**であるといって表現する．

特に 1.3 で触れた不変量 r,τ,d,σ から次の準同形が得られる：

$$r:K(S)\to \boldsymbol{Z},\qquad \tau:K(S)\to \boldsymbol{Z},$$
$$d:K(S)\to\{\pm1\},\qquad \sigma:K(S)\to \boldsymbol{Z}/8\boldsymbol{Z}.$$

さらに，$\tau\equiv r \pmod 2$，$d=(-1)^{(r-\tau)/2}$ が成り立つ．

§2 諸　結　果

2.1 群 $K(S)$ の決定

定理 1　$K(S)$ は $(I_+), (I_-)$ を基底とする自由 Abel 群である.
(証明は 3.4 で与えられる.) ――

定理によれば, $f \in K(S)$ は

$$f = s(I_+) + t(I_-) \qquad (s, t \in \boldsymbol{Z})$$

と書かれ, s, t は f によって一意的に定まる. $r(f) = s+t$, $\tau(f) = s-t$ だから s, t は r, τ の関数である. この事実から次の系が得られる.

系 1　$K(S) \ni f \longmapsto (r, \tau) \in \boldsymbol{Z} \times \boldsymbol{Z}$ は $K(S)$ から $\boldsymbol{Z} \times \boldsymbol{Z}$ の部分群 $\{(a, b) \in \boldsymbol{Z} \times \boldsymbol{Z} \mid a \equiv b \pmod 2\}$ の上への同形を与える. ――

したがって,

系 2　S の元 E, E' が定常的に同形であるためには, それらの階数および指数が一致することが必要十分である.

[E, E' が定常的に同形であることは, E, E' が同形であることを意味するとは限らないことに注意しよう. たとえば $U = \begin{bmatrix} 0 & 1 \\ 1 & 0 \end{bmatrix}$ と $I_+ \oplus I_- = \begin{bmatrix} 1 & 0 \\ 0 & -1 \end{bmatrix}$ とは $K(S)$ の中で同一の元を定めるが, U と $I_+ \oplus I_-$ は異なるタイプに属している.]

定理 2　$E \in S$ のとき $\sigma(E) \equiv \tau(E) \pmod 8$. ――

実際, $E \longmapsto \tau(E) \pmod 8$, $E \longmapsto \sigma(E)$ はともに S から $\boldsymbol{Z}/8\boldsymbol{Z}$ への準同形であり, 1.4.1 で見たように $\sigma(sI_+ \oplus tI_-) \equiv s-t \pmod 8$ だから定理が成り立つ.

系 1　E がII型ならば $\tau(E) \equiv 0 \pmod 8$. ――

実際このとき $\sigma(E) = 0$ である.

(このとき, さらに $r(E) \equiv 0 \pmod 2$, $d(E) = (-1)^{r(E)/2}$ となる.)

系 2　E が定符号II型ならば, $r(E) \equiv 0 \pmod 8$. ――

実際このとき $\tau(E) = \pm r(E)$ である.

注意　(1)　1.4 で見たように，$n=8m$ とすると Γ_n は S_n に属する正定符号II型の元となる．

(2)　合同式 $\sigma(E)\equiv\tau(E) \pmod 8$ は積公式 $\prod\varepsilon_v(E)=1$ (第4章3.1参照) および1.3.6で述べられた $\varepsilon_p(E)$ を与える式からも導かれる．(実際 E の符号を (t,s) とすると $v_\infty(E)=(-1)^{s(s-1)/2}$．また，$\varepsilon_2(E)=(-1)^{(d+r-\sigma-1)/4}$，$\varepsilon_p(E)=1$ ($p\neq 2$) だから $(-1)^{s(s-1)/2}=(-1)^{(d+r-\sigma-1)/4}$ である．ここで $d=(-1)^s$，$r=t+s$ だから

$$\begin{aligned} d+r-\sigma-1-2s(s-1) &= (-1)^s+t-s-\sigma-1-2s^2+4s \\ &= (-1)^s+1-2(s-1)^2+\tau-\sigma \qquad (\tau=t-s) \\ &\equiv 0 \pmod 8. \end{aligned}$$

また，$(-1)^s+1-2(s-1)^2\equiv 0 \pmod 8$ だから，$\tau-\sigma\equiv 0 \pmod 8$.)

2.2　構造定理(不定符号の場合)

$E\in S$ とする．E の元 $x\neq 0$ が存在して，$x\cdot x=0$ となるとき E は0**を表現する**という．これは対応する2次形式 $Q(x)$ が $\boldsymbol{Q}$ 上0を表現することと同値である(第4章1.6参照)．(実際 $x\in E\otimes\boldsymbol{Q}$，$x\neq 0$，$Q(x)=0$ のとき適当な整数 a をとれば $ax\in E$，$ax\cdot ax=0$ である．)

定理 3　もし $E\in S$ が不定符号ならば E は0を表現する．

(証明は3.1で与える．)

定理 4　もし $E\in S$ が不定符号かつI型ならば，E は $sI_+\oplus tI_-$ に同形である．ただし s,t はともに $\geqq 1$ なる整数である．

[したがって，このとき E に対応する2次形式は $\boldsymbol{Z}$ 上で $\sum_{i=1}^{s}x_i^2-\sum_{j=1}^{t}y_j^2$ と同値になる．]

(証明は3.3で与える．)

系　E,E' を S に属する元で，等しい階数，等しい指数を持つものとすれば，

$$E\oplus I_+\simeq E'\oplus I_+ \quad \text{または} \quad E\oplus I_-\simeq E'\oplus I_-. \qquad \text{——}$$

$E=0$ ならば明らか．そうでなければ，$E\oplus I_+$ または $E\oplus I_-$ のどちらかは不定符号となる．$E\oplus I_+$ が不定符号となる場合について考えよう．E, E' は等しい指数を持つから，このとき $E'\oplus I_+$ も不定符号となる．定理4により，このとき $E\oplus I_+\simeq sI_+\oplus tI_-$，$E'\oplus I_+\simeq s'I_+\oplus t'I_-$ となるが，E, E' の指数が等しいことにより $s=s'$，$t=t'$ となり，求める結果が得られる．

定理 5 $E\in S$ が不定符号，II型で $\tau(E)\geqq 0$ ならば E は $pU\oplus q\Gamma_8$ と同形．ただし p, q は $\geqq 0$ なる整数である．

[$\tau(E)\leqq 0$ のときも同様な結果が得られる．このときは，対応する2次形式の符号を変えて得られる加群に上の定理を適用すればよい．]

(証明は3.5で与える．) ——

上のとき，

$$q=\frac{1}{8}\tau(E), \qquad p=\frac{1}{2}(r(E)-\tau(E))$$

となる．したがって，このような E は同形を除いて階数と指数によって決定される．同様なことは，定理4によってI型の加群についても成り立つから，次の定理が得られる：

定理 6 $E, E'\in S$ が不定符号で，等しい階数，等しい指数を持ち同じ型ならば，$E\simeq E'$．

2.3 定符号の場合

この場合，構造定理は得られていない．ただ，**有限性定理**は成り立つ．すなわち，自然数 n を任意にとるとき，S_n に属する正定符号加群の同形類は有限個である．この定理は，たとえば，2次形式の“還元”理論によって得られる．同形類を具体的に決定することは，小さい n についてしかなされていない($n\leqq 16$ に対しては，M. Kneser, Archiv der Math., 8, 1957, p. 241-250 を参照されたい)．そのために，**Minkowski-Siegel の公式**を用いることができる．

(Kneserは別の方法を用いた.) この公式について説明しよう(ここでは, 簡単のためにII型の場合に限るが, I型のものについても同様の結果が得られる).

k を $\geqq 1$ なる整数, $n=8k$ とする. C_n を S_n に属する正定符号II型の加群の同形類の集合とする($E\in S_n$ と E の属する同形類とを, しばしば同一視し, 同じ文字で表わす). $E\in C_n$ に対し G_E を E の自己同形群とすれば, G_E はコンパクトな直交群の離散的部分群だから有限である. g_E を G_E の元の個数とする. さて,

$$M_n=\sum_{E\in C_n}\frac{1}{g_E}$$

とおこう. これは, Eisensteinの謂う C_n の "質量" (mass), すなわち, $E\in C_n$ のそれぞれに重み $1/g_E$ をつけた和である. Minkowski-Siegel の公式(証明はC. L. Siegel, Gesamm. Abh., I, n° 20, および III, n° 79 を見よ)によって M_n の値が決められる:

$$(*)\qquad M_n=2^{1-n}\frac{B_{2k}}{(4k)!}\prod_{j=1}^{4k-1}B_j\qquad(n=8k)$$

ただし B_j は Bernoulli数($B_1=1/6$, $B_2=1/30$, …. 第7章4.1を参照).

(M_n の近似値をいくつか挙げよう:

$M_8=10^{-9}\times 1.4352\cdots$, $M_{16}=10^{-18}\times 2.4885\cdots$, $M_{24}=10^{-15}\times 7.9367\cdots$,

$M_{32}=10^{7}\times 4.0309\cdots$, $M_{40}=10^{51}\times 4.3930\cdots$.)

この公式を用いて, C_n の部分集合 C' が C_n と一致するかどうかを判定することができる. $\sum_{E\in C'}1/g_E=M_n$ のとき, また, そのときに限って $C'=C_n$ である.

例 (i) $n=8\,(k=1)$. 1.4.3で Γ_8 が C_8 に属することを示した. また, Γ_8 の自己同形群の位数は $2^{14}3^5 5^2 7$ となることが確かめられる(たとえばBourbaki, Gr. et Alg. de Lie, 第6章§4 n° 10参照). 他方, 公式(*)によれば, $M_8=2^{-14}3^{-5}5^{-2}7^{-1}$. したがって, C_8 は Γ_8 の類のみからなる. (これはMordellによる結果である.)

(ii) $n=16$. C_{16} の元として Γ_{16} および $\Gamma_8 \oplus \Gamma_8$ が得られている．$E_1=\Gamma_{16}$, $E_2=\Gamma_8 \oplus \Gamma_8$ とすると $g_{E_1}=2^{15}\cdot 16!$, $g_{E_2}=2^{29}3^{10}5^4 7^2$ となることが示される．一方 $M_{16}=691\times 2^{-30}3^{-10}5^{-4}7^{-2}11^{-1}13^{-1}=g_{E_1}^{-1}+g_{E_2}^{-1}$. こうして，Witt による結果である $C_{16}=\{\Gamma_{16}, \Gamma_8 \oplus \Gamma_8\}$ が得られる．

(iii) $n=24$. C_{24} の決定は，1968 年に H. Niemeier によってなされたが，それによれば，C_{24} は 24 個の元から成る．それらの中の一つ (Leech によって，$\boldsymbol{R}^{24}$ への球面の詰めこみ (empilement) 問題と関連して発見されたもの) は特に興味をひく．これは C_{24} の中でただ一つ，$x\cdot x=2$ を満たす x を含まないものである．その自己同形群 G の位数は

$$2^{22}3^9 5^4 7^2 11\cdot 13\cdot 23 = 8{,}315{,}553{,}613{,}086{,}720{,}000.$$

商群 $G/\{\pm 1\}$ は Conway によって発見された新しい単純群となる (J. H. Conway, Proc. Nat. Acad. Sci. U. S. A., 61, 1968, p. 398-400 および Invent. Math., 7, 1969, p. 137-142 を参照).

(iv) $n=32$. $M_{32}>4\cdot 10^7$, また全ての $E\in C_{32}$ に対して $g_E\geqq 2$ なので C_{32} は八千万以上の元を持つ．C_{32} の元のリストはまだ得られていない．

§3 証　　明

3.1 定理 3 の証明

$E\in S_n$, $V=E\otimes \boldsymbol{Q}$ とする．E を不定符号とし，E が 0 を表現すること (または，同じことだが V が 0 を表現すること) を示すことが目的である．いくつかの場合にわけて考えよう．

(i) $n=2$. V の符号は (1, 1), また $d(E)=-1$ である．$-d(E)$ は $\boldsymbol{Q}$ の平方数だから V は明らかに 0 を表現する．

(ii) $n=3$. E の基底を一つ選び，それに対応する 2 次形式を $f(X_1, X_2, X_3)=\sum a_{ij}X_iX_j$ としよう．$a_{ij}\in \boldsymbol{Z}$, $\det(a_{ij})=\pm 1$ である．p を奇素数とすれば，

f から p を法とする還元 (reduction mod p) によって得られる2次形式は自明ではない0を持つ (第1章 2.2). この0は p 進0へ "持ち上げられる" (第2章 2.2 定理1系2). こうして全ての $p\,(\neq 2)$ に対して f は $\boldsymbol{Q}_p$ 上で0を表現する. f は $\boldsymbol{R}$ 上でも0を表現するから, 第4章 3.2 定理8系3により, f は $\boldsymbol{Q}$ 上でも0を表現する.

(iii)　$n=4$. 上と同じ論法によって, 全ての奇素数 p に対し f が $\boldsymbol{Q}_p$ 上で0を表現することが示される. f はまた $\boldsymbol{R}$ 上でも0を表現するから, もしも f の判別式 $d(E)$ が1ならば, f は $\boldsymbol{Q}$ 上でも0を表現する (第4章 3.2 定理8系3). そうでなければ $d(E)=-1$ となり, $d(E)$ は $\boldsymbol{Q}_2$ の平方数ではない. 第4章 2.2 定理6により, このとき f は $\boldsymbol{Q}_2$ 上でも0を表現し, さらに Hasse-Minkowski の定理 (第4章 3.2 定理8) によれば f は $\boldsymbol{Q}$ 上で0を表現する.

(iv)　$n\geqq 5$. このときは, Meyer の定理 (第4章 3.2 定理8系2) により求める結果が得られる.

3.2　補　　題

$E\in S$, F を E の部分加群とする. F' を E の元で F の全ての元と直交するものの集合としよう.

補題 1　2次加群 F が, E の2次形式 $x\cdot y$ から得られる2次形式に関して S に属するためには, E が F, F' の直和となることが必要十分である. ——

もし, $E=F\oplus F'$ ならば $d(E)=d(F)d(F')$ だから $d(F)=\pm 1$. 逆にもし $F\in S$, すなわち $d(F)=\pm 1$ ならば明らかに $F\cap F'=0$. また, このとき $x\in E$ に対して線型写像 $F\ni y\overset{f}{\longmapsto} x\cdot y$ を定めれば F の元 x_0 が存在して $f(y)=x_0\cdot y$ となるから, $x=x_0+x_1$, $x_0\in F$, $x_1\in F'$. したがって $E=F\oplus F'$ となる.

補題 2　$x\in E$, $x\cdot x=\pm 1$ とする. また, X を x と直交する E の元からなる集合とする. $D=\boldsymbol{Z}x$ とすれば $E=D\oplus X$. ——

これは $F=D$ に対して補題1を適用すれば示される. (もしも $x\cdot x=1$ ならば

$D \simeq I_+$ したがって $E \simeq I_+ \oplus X$.)

E の元 x は，任意の $n \geqq 2$ に対して $x \notin nE$ のとき**非可約** (indivisible) と呼ばれる．E の任意の元 $x\,(\neq 0)$ は，一意的に，非可約な元 y の m 倍 $x=my\,(m \geqq 1)$ と表わされる．

補題 3　x を E の非可約な元とすれば，E の元 y で $x \cdot y=1$ を満たすものがある．——

$z \in E$ に対し $f_x(z)=x \cdot z$ と置こう．f_x は E から $\boldsymbol{Z}$ への準同形である．$f_x(E)=\boldsymbol{Z}$ を示せばよい．もし，$f_x(E) \subsetneqq \boldsymbol{Z}$ ならば $f_x(E)=n\boldsymbol{Z}$ を満たす $n \geqq 2$ がある．ここで $g \in \mathrm{Hom}(E, \boldsymbol{Z})$ を $g(z)=n^{-1}f_x(z)$ とおいて定めることができるが，$E \in S$ の仮定によりこのとき $g=f_y$ を満たすような $y \in E$ がある．ゆえに $y \cdot z=n^{-1}x \cdot z$ $(z \in E)$．したがって，$y=n^{-1}x$ となりこれは x が非可約であるという仮定に反する．

3.3　構造定理（I 型不定符号の加群について）

(以下に述べる方法は Milnor のアイディアによるものである．$K(S)$ を導入するというのも彼の考えに基づく.)

補題 4　$E \in S_n$，E は不定符号 I 型であるとすると，$F \in S_{n-2}$ が存在して $E \simeq I_+ \oplus I_- \oplus F$ となる．——

定理 3 により $x \in E$，$x \neq 0$ しかも $x \cdot x=0$ となる x が存在する．(これから $n \geqq 2$ となることも直ちにいえる.) ここで x は非可約であるとしてよいから，上の補題 3 によって $x \cdot y=1$ を満たす E の元 y が存在する．ここで y を適当に選べば $y \cdot y$ が奇数となることを示そう．そのために，$y \cdot y$ が偶数であると仮定すると，E は I 型だから $t \cdot t$ が奇数となるような $t \in E$ が存在する．$y'=t+ky$ とおき k を $x \cdot y'=1$ を満たすように選ぶ．($k=1-x \cdot t$ とするのである.) すると $y' \cdot y' \equiv t \cdot t \pmod 2$ だから $y' \cdot y'$ は奇数になり，上の y のかわりに y' をとればよいことがわかった．したがって，$y \cdot y=2m+1$ としよう．ここで

$$e_1 = y - mx, \qquad e_2 = y - (m+1)x$$

とおく．すると $e_1 \cdot e_1 = 1$，$e_1 \cdot e_2 = 0$，$e_2 \cdot e_2 = -1$ である．(e_1, e_2) で生成される E の部分加群 G は $I_+ \oplus I_-$ と同形になる．補題1によりこのとき $E \simeq I_+ \oplus I_- \oplus F$，$F \in S_{n-2}$ となる．

定理4の証明　n に関する帰納法を用いる．$E \in S_n$，E は不定符号I型であるとしよう．補題4により $E \simeq I_+ \oplus I_- \oplus F$ となる．$n=2$ ならば $F=0$ となり定理は成り立つ．$n>2$ のときは $F \neq 0$ で $I_+ \oplus F$ または $I_- \oplus F$ のいずれかは不定符号である．また，I_+, I_- はI型だから，これらはともにI型となる．今 $I_+ \oplus F$ が不定符号ならば，帰納法の仮定より $I_+ \oplus F \simeq aI_+ \oplus bI_-$．したがって $E \simeq aI_+ \oplus (b+1)I_-$ である．$I_- \oplus F$ が不定符号の場合も同様である．

3.4　群 $K(S)$ の決定

$E \in S$，$E \neq 0$ としよう．このとき $E \oplus I_+$，$E \oplus I_-$ はともにI型で，そのいずれかは不定符号である．したがって，定理4を用いれば，$K(S)$ は (I_+) および (I_-) の1次結合からなることがわかる．$(I_+), (I_-)$ の，準同形

$$(r, \tau) : K(S) \longrightarrow \mathbf{Z} \times \mathbf{Z}$$

による像はそれぞれ $(1,1), (1,-1)$ となり，それらは1次独立だから (I_+) および (I_-) が $K(S)$ の基底となる．

3.5　構造定理(II型不定符号の場合)

補題5　$E \in S$，E はII型不定符号であるとしよう．すると $F \in S$ が存在して $E \simeq U \oplus F$ となる．——

証明は補題4の場合と同様な段階を追って行なわれる．まず，$x \in E$，$x \neq 0$，$x \cdot x = 0$ を満たす x が選べることは定理3による．x は非可約としてよい．補題3により $x \cdot y = 1$ を満たす $y \in E$ が選べる．もしも $y \cdot y = 2m$ ならば y を $y - mx$ で置き換えることができるから，$y \cdot y = 0$ と仮定してよい．x, y で生成さ

れる E の部分加群 G は U と同形である．したがって補題1により $E \simeq U \oplus F$ を満たす $F \in S$ が存在する．

補題 6 <u>$F_1, F_2 \in S$ とし，F_1, F_2 はともにII型であるとする．もしも $I_+ \oplus I_- \oplus F_1 \simeq I_+ \oplus I_- \oplus F_2$ ならば，$U \oplus F_1 \simeq U \oplus F_2$ となる．</u> ——

記法を簡単にするために，$W = I_+ \oplus I_-$，$E_i = W \oplus F_i$，$V_i = E_i \otimes \boldsymbol{Q}$ と置こう $(i=1,2)$．$E_i^0 = \{x \in E_i \mid x \cdot x \equiv 0 \pmod 2\}$ と置けば，E_i^0 は E_i の部分加群となる．容易に分かるように $[E_i : E_i^0] = 2$，また

$$W^0 = \{(x_1, x_2) \in W \mid x_1 \equiv x_2 \pmod 2\}$$

と置けば，$E_i^0 = W^0 \oplus F_i$ である．ここで

$$E_i^+ = \{y \in V_i \mid x \cdot y \in \boldsymbol{Z}\,(\forall x \in E_i^0)\}$$

と置こう（E_i^+ は V_i の中の E_i^0 の双対である）．いま

$$W^+ = \{(x_1, x_2) \in W \otimes \boldsymbol{Q} \mid 2x_1, 2x_2 \in \boldsymbol{Z},\ x_1 - x_2 \in \boldsymbol{Z}\}$$

と置けば明らかに $E_i^+ = W^+ \oplus F_i$，$E_i^0 \subset E_i \subset E_i^+$ となり，商加群 E_i^+/E_i^0 は W^+/W_0 と同形，さらに W^+/W_0 は $(2,2)$ 型の Abel 群となる．したがって，E_i^+ の指数2の部分加群で E_i^0 を含むものとして E_i の他に二つのものがある．それらを E'_i, E''_i と記そう．E_i, E'_i, E''_i は $(2,2)$ 型の Abel 群に含まれる3個の位数2の部分群と対応している．同様に W^+ に含まれて W_0 を真部分集合として含む加群が W の他に二つある．それらを W', W'' と記そう．ここで，

$$E'_i = W' \oplus F_i, \qquad E''_i = W'' \oplus F_i$$

としてよい．W', W'' は U と同形である．（実際，W' の基底として $a=(1/2, 1/2)$，$b=(1, -1)$ がとれる．$a \cdot a = b \cdot b = 0$, $a \cdot b = 1$ である．また W'' の基底として $(1/2, -1/2)$, $(1, 1)$ がとれるが，これについても W' と同様である．）さて，f を $W \oplus F_1$ から $W \oplus F_2$ の上への同形としよう．f は V_1 から V_2 の上への同形に拡大され，$f(E_1^0) = E_2^0$ だから，$f(E_1^+) = E_2^+$ となる．よって，(E'_1, E''_1) は f によって (E'_2, E''_2) あるいは (E''_2, E'_2) の上に写される．E'_i, E''_i は $U \oplus F_i$ と同形だから，$U \oplus F_1 \simeq U \oplus F_2$.

定理5の証明 まず次の命題を証明する．$E_1, E_2 \in S$ が不定符号，II型で相等しい階数および指数を持てば，$E_1 \simeq E_2$．補題5より，$E_1 \simeq U \oplus F_1$，$E_2 \simeq U \oplus F_2$．F_1, F_2 は明らかにII型で，相等しい階数および指数を持つ．加群 $I_+ \oplus I_- \oplus F_1$，$I_+ \oplus I_- \oplus F_2$ は不定符号，I型で，相等しい階数および指数を持つから，定理4により互いに同形である．補題6をここで用いれば，$E_1 \simeq E_2$ が示される．

さて，E を不定符号，II型であるとし，$\tau(E) \geqq 0$ としよう．整数 p, q を

$$q = \frac{1}{8}\tau(E), \qquad p = \frac{1}{2}(r(E) - \tau(E))$$

によって定める．$E' = pU \oplus q\Gamma_8$ とおけば $p \neq 0$ より E' は不定符号，また E' はII型で，$r(E') = r(E)$，$\tau(E') = \tau(E)$ だから，上に述べたことによって $E \simeq E'$ となる．

第2部　解析的方法

第6章　算術級数定理

本章の目的は，Legendre によって正しさが予測され（また応用され）Dirichlet によって証明された次の定理の証明を与えることである：

定理　a, m を $\geqq 1$ なる整数で互いに素であるとすると $p \equiv a \pmod{m}$ を満たす素数 p が無限に存在する．——

以下に述べる証明の方法は（Dirichlet 自身によるものだが）L **関数**の性質を使うものである．

§1　有限 Abel 群の指標

1.1　双対性

G を有限 Abel 群とする．G の演算は乗法の形で記す．

定義 1　G から複素数の乗法群 $\boldsymbol{C}^*$ への準同形を G の指標と呼ぶ．——

G の指標全体からなる集合を $\mathrm{Hom}(G, \boldsymbol{C}^*)$ または $\hat{G}$ と記す．$\chi, \chi' \in \hat{G}$ のとき，χ, χ' の積 $\chi\chi'$ を $(\chi\chi')(g) = \chi(g) \cdot \chi'(g)$ と置いて定めれば，$\chi\chi' \in \hat{G}$ となり，$\hat{G}$ は指標の積を演算とする群となる．$\hat{G}$ を G の**双対**と呼ぶ．

例　G を n 次巡回群とし s をその生成元とする．$\chi \in \hat{G}$ ならば $\chi(s)^n = 1$，ゆえに $w = \chi(s)$ は 1 の n 乗根となる．逆に w を任意の 1 の n 乗根とすると，$\chi : s^a \longmapsto w^a$ と置くことによって $\hat{G}$ の元 χ が得られる．こうして，$\chi \longmapsto \chi(s)$ によって $\hat{G}$ から 1 の n 乗根全体の作る群 μ_n の上への同形が得られることがわかる．したがって，$\hat{G}$ は n 次巡回群となる．

命題 1 H を G の部分群とすると，H の任意の指標は G の指標に拡張できる．——

H の G に関する指数 $(G:H)$ についての帰納法を用いる．$(G:H)=1$ ならば $G=H$ であり，証明すべきことはない．$(G:H)>1$，x を H には含まれない G の元とし，$x^n\in H$ を満たす自然数 n の中で最小のものを n_0 としよう．χ を H の指標，$t=\chi(x^{n_0})$ とする．$\boldsymbol{C}^*$ の性質により $w^{n_0}=t$ を満たす $\boldsymbol{C}^*$ の元 w がとれる．H' を H と x によって生成される G の部分群としよう．H' の任意の元は，$h'=hx^a\ (h\in H,\ a\in\boldsymbol{Z})$ のように表わされる．ここで

$$\chi'(h')=\chi(h)w^a$$

と置こう．$\chi'(h')$ が h' を h と x^a の積に分解する仕方によらないことは直ちに確かめられ，χ' が H' の指標となることがわかる．$\chi'|_H=\chi$ だから χ' は χ の H' への拡張である．$(G:H')<(G:H)$ だから帰納法の仮定により χ' は G の指標に拡張される．

注意 上で，G の指標を H に制限することによって準同形

$$\rho:\hat{G}\to\hat{H}$$

が得られるが，命題1のいうところは ρ が全射であるということに他ならない．$\mathrm{Ker}\ \rho=\{x\in\hat{G}\mid\chi|_H=1\}$ だから $\mathrm{Ker}\ \rho\cong(G/H)\hat{}$．こうして完全系列：

$$1\to(G/H)\hat{}\to\hat{G}\to\hat{H}\to 1$$

が得られる．

命題 2 $\hat{G}$ は G と同じ位数の有限 Abel 群である．——

G の位数 n についての帰納法を用いる．$n=1$ のときは自明．$n\geqq 2$ とし，H は G に含まれる巡回群で，位数 >1 のものとしよう．上の注意より $\mathrm{Card}(\hat{G})=\mathrm{Card}(\hat{H})\cdot\mathrm{Card}(G/H)\hat{}$．ここで H は巡回群だから $\mathrm{Card}(\hat{H})=\mathrm{Card}(H)$，また $\mathrm{Card}(G/H)<\mathrm{Card}(G)$ だから帰納法の仮定によって $\mathrm{Card}(G/H)\hat{}=\mathrm{Card}(G/H)$，ゆえに $\mathrm{Card}(\hat{G})=\mathrm{Card}(G)$．

注意 実は $\hat{G}\cong G$ (同形は必ずしも標準的 (canonical) なものではない) が成

り立つ．これは G を巡回群の直積に分解できることから証明される．

$x \in G$ に対して，写像 $\chi \longmapsto \chi(x)$ をとるとこれは $\hat{G}$ の指標になる．こうして準同形 $\varepsilon: G \to \hat{\hat{G}}$ が得られる．

命題 3 <u>ε は G から $\hat{\hat{G}}$ の上への同形である．</u> ——

$\mathrm{Card}(G) = \mathrm{Card}(\hat{\hat{G}})$ だから ε が単射であることを示せばよい．そのために x を G の 1 とは異なる元とするとき，$\hat{G}$ の元 χ で $\chi(x) \neq 1$ となるものがあることをいえばよい．H を x によって生成される G の巡回部分群とすれば，明らかに $\hat{H}$ の元 χ で $\chi(n) \neq 1$ となるものがとれる (上の例参照)．命題 1 により χ は G の指標に拡張できるから，求める結果が得られる．

1.2 直交関係

命題 4 <u>$n = \mathrm{Card}(G)$, $\chi \in \hat{G}$ のとき</u>

$$\sum_{x \in G} \chi(x) = \begin{cases} n, & \chi = 1 \\ 0, & \chi \neq 1. \end{cases}$$ ——

第 1 式は自明である．$\chi \neq 1$ のとき $\sum \chi(x) = 0$ を示すために $\chi(y) \neq 1$ となる $y \in G$ をえらんでおく．ここで

$$\chi(y) \sum_{x \in G} \chi(x) = \sum_{x \in G} \chi(xy) = \sum_{x \in G} \chi(x).$$

ゆえに

$$(\chi(y) - 1) \sum \chi(x) = 0.$$

$\chi(y) \neq 1$ だから $\sum \chi(x) = 0$.

系 <u>$x \in G$ のとき</u>

$$\sum_{\chi \in \hat{G}} \chi(x) = \begin{cases} n, & x = 1 \\ 0, & x \neq 1. \end{cases}$$

注意 上の結果は一般の有限群の指標の "直交関係" の特別な場合を示すものである．

1.3　モジュラー指標

$m \geqq 1$ を整数とする．$\boldsymbol{Z}/m\boldsymbol{Z}$ の可逆元全体のつくる乗法群 $(\boldsymbol{Z}/m\boldsymbol{Z})^*$ を $G(m)$ と記そう．$\mathrm{Card}(G(m))=\varphi(m)$ (ただし $\varphi(m)$ は m の Euler 関数，第1章1.2参照)．$G(m)$ の指標 χ は **m を法とする指標** (character modulo m) (モジュラー指標) と呼ばれる．この χ に対して $\boldsymbol{Z}$ から $\boldsymbol{C}^*$ への関数 $\tilde{\chi}$ を $(a, m)=1$ のときには $\tilde{\chi}(a)=\chi(a \bmod m)$, $(a, m) \neq 1$ のときには $\tilde{\chi}(a)=0$ とおいてきめると，$a \equiv b \pmod{m}$ ならば $\tilde{\chi}(a)=\tilde{\chi}(b)$, また一般に $\tilde{\chi}(ab)=\tilde{\chi}(a)\tilde{\chi}(b)$ となる．この $\tilde{\chi}$ を χ と“同一視”して χ とも書く．

例 (1)　$m=4$. $\varphi(4)=\mathrm{Card}(G(4))=2$ で，$G(4)^{\wedge}$ の 1 ではない元としては $x \longmapsto (-1)^{\varepsilon(x)}$ がある (第1章3.2参照)．

(2)　$m=8$. $G(8)$ は 4 個の元からなる．1 とは異なる mod 8 の指標は 3 個あり，それらは

$$x \longmapsto (-1)^{\varepsilon(x)}, \quad (-1)^{\omega(x)}, \quad (-1)^{\varepsilon(x)+\omega(x)}$$

である (第1章3.2参照)．

(3)　$m=p$, p は奇素数の場合．$G(p) \cong C_{p-1}$ ($p-1$ 位数の巡回群) だから位数 2 の指標をただ一つ持つ．すなわち Legendre 指標 $x \longmapsto \left(\dfrac{x}{p}\right)$ である．

(4)　$m=7$. $G(7) \cong C_6$ だから位数 3 の指標を二つ持ち，それらは互いに複素共役となる．その中の一つは

$$\chi(x)=\begin{cases} 1, & x \equiv \pm 1 \pmod{7} \\ e^{2\pi i/3}, & x \equiv \pm 2 \pmod{7} \\ e^{4\pi i/3}, & x \equiv \pm 3 \pmod{7} \end{cases}$$

によって与えられる．

一般に位数 2 の指標は Legendre 指標と密接に結びついている．すなわち次の命題が成り立つ．

命題 5　a を 0 とは異なる整数で平方因子を持たないものとし，$m=4|a|$ とする．このとき m を割らない任意の素数 p に対して $p \longmapsto \left(\dfrac{a}{p}\right)$ という対応を与

えるmod m の指標 χ_a が一意的に存在する．$\chi_a^2=1$ であり，$a\neq 1$ のとき $\chi_a\neq 1$ となる．——

$(n,m)=1$ ならば n は m を割らない素数の積として書けるから，上のような χ_a が存在すれば一意的であることは明らかである．また，$\chi_a^2=1$ も自明．

χ_a の存在を示すために，まず，a が相異なる奇素数 $l_1,\cdots,l_k$ の積として表わされる場合について考えよう．ここで

$$\chi_a(x)=(-1)^{\varepsilon(x)\varepsilon(a)}\left(\frac{x}{l_1}\right)\cdots\left(\frac{x}{l_k}\right)$$

と置こう．p を l_i のどれとも異なる奇素数とすれば，

$$\left(\frac{p}{l_i}\right)=\left(\frac{l_i}{p}\right)(-1)^{\varepsilon(l_i)\varepsilon(p)}$$

だから $\chi_a(p)=\left(\frac{l_1}{p}\right)\cdots\left(\frac{l_k}{p}\right)=\left(\frac{a}{p}\right)$ となり条件に適する．

$a=-b$（または $\pm 2b$；ただし $b=l_1\cdots l_k$ を上のように定める）の場合 χ_a として χ_b および $(-1)^{\varepsilon(x)}$（または $(-1)^{\omega(x)}$ あるいは $(-1)^{\varepsilon(x)+\omega(x)}$）の積をとることができる．$a\neq 1$ のとき $\delta_i=\pm 1\ (i=1,\cdots,k)$ を任意に与えると

$$\left(\frac{x_i}{l_i}\right)=\delta_i \qquad (i=1,\cdots,k)$$

を満たす $x_1,\cdots,x_k$ が存在する．ここで

$$x\equiv x_i \pmod{l_i}$$

を満たす x が存在することから $\chi_a\neq 1$ がわかる．

注意　$x>0$，$(x,m)=1$ のとき実は

$$\chi_a(x)=\prod_{l\mid m}(a,x)_l=\prod_{(l,m)=1}(a,x)_l$$

となることが示される（$(a,x)_l$ は $\boldsymbol{Q}_l$ における a,x の Hilbert 記号）．この公式を用いて χ_a を構成してもよい．

§2 Dirichlet 級数

2.1 補　　題

補題 1 U を $\boldsymbol{C}$ の開集合 $(\neq\phi)$, f_n を U で正則な関数で，関数列 $\{f_n\}$ は U に含まれる任意のコンパクト集合の上で，関数 f に一様に収束するものとする．f は，そのとき，U で正則であり，f_n の導関数の列 $\{f'_n\}$ は U に含まれる任意のコンパクト集合の上で一様に f' に収束する．——

証明を簡単に想い出しておこう．

D を U に含まれる閉円板，C をその境界とし通常のように方向づけられているものとする．Cauchy の公式より

$$f_n(z_0)=\frac{1}{2\pi i}\int_C\frac{f_n(z)}{z-z_0}dz$$

が D の内点 z_0 について成り立つ．$f_n(z)\to f(z)$ より

$$f(z_0)=\frac{1}{2\pi i}\int_C\frac{f(z)}{z-z_0}dz$$

となり，したがって f が D の内部で正則であることがわかる．補題の初めの部分がこれから導かれる．後の部分は，公式

$$f'(z_0)=-\frac{1}{2\pi i}\int_C\frac{f(z)}{(z-z_0)^2}dz$$

から上と同様の方法で導かれる．

補題 2 (Abel の補題) 数列 $(a_n), (b_n)$ に対して

$$A_{m,p}=\sum_{n=m}^{p}a_n,\qquad S_{m,m'}=\sum_{n=m}^{m'}a_nb_n$$

と置くと

$$S_{m,m'}=\sum_{n=m}^{m'-1}A_{m,n}(b_n-b_{n+1})+A_{m,m'}b_{m'}.$$ ——

実際，$a_n=A_{m,n}-A_{m,n-1}$ $(a_m=A_{m,m})$ だから，$S_{m,m'}$ の定義の式において a_n を $A_{m,n}-A_{m,n-1}$ で置き換えれば

$$S_{m,m'}=A_{m,m}b_m+(A_{m,m+1}-A_{m,m})b_{m+1}+\cdots+(A_{m,m'}-A_{m,m'-1})b_{m'}$$

だから求める式が得られる．

補題 3 α, β を実数，$0<\alpha<\beta$ とし $z=x+iy$ $(x, y\in \boldsymbol{R})$，$x>0$ とすると

$$|e^{-\alpha z}-e^{-\beta z}|\leqq \frac{|z|}{x}(e^{-\alpha x}-e^{-\beta x}).$$ ——

実際

$$e^{-\alpha z}-e^{-\beta z}=z\int_\alpha^\beta e^{-tz}dt$$

だから

$$|e^{-\alpha z}-e^{-\beta z}|\leqq |z|\int_\alpha^\beta e^{-tx}dt=\frac{|z|}{x}(e^{-\alpha x}-e^{-\beta x}).$$

2.2 Dirichlet 級数

実数列 (λ_n) を考え，$\lambda_n<\lambda_{n+1}$，$\lambda_n\to\infty$ と仮定する．簡単のために $\lambda_n\geqq 0$ としよう（これは本質的な仮定ではない．一般の場合には，与えられた数列の最初の有限個の項を除けば条件に適する数列が得られる）．

ここで次の級数

$$\sum a_n e^{-\lambda_n z} \qquad (a_n\in \boldsymbol{C},\ \ z\in \boldsymbol{C})$$

を (λ_n) を指数とする **Dirichlet 級数**と呼ぶ．

例 (a) $\lambda_n=\log n$. このとき $e^{-\lambda_n z}=n^{-z}$ だから上の級数は $\sum a_n/n^z$ と書かれ，これが通例 Dirichlet 級数と呼ばれるものである (2.4 参照)．

(b) $\lambda_n=n$ のとき，$t=e^{-z}$ と置けば上の級数は t の整級数 $\sum a_n t^n$ の形になる．

注意　Dirichlet 級数の概念は与えられた測度 μ の Laplace 変換と呼ばれるもの

$$\int_0^\infty e^{-zt}\mu(t)$$

の特別の例と考えられる．すなわち，μ が離散測度である場合に，Dirichlet 級数が得られる．(このことについては D. Widder, The Laplace Transform, Princeton Univ. Press, 1946.)

命題 6　もしも級数 $f(z)=\sum a_n e^{-\lambda_n z}$ が $z=z_0$ において収束すれば，$0<\alpha<\pi/2$ を満たす任意の α をとったとき $f(z)$ は $\mathrm{R}(z-z_0)\geqq 0$, $|\mathrm{Arg}(z-z_0)|\leqq\alpha$ で定まる領域の中で一様に収束する．

($\mathrm{R}(z)$ は複素数 z の実数部分，$\mathrm{Arg}(z)$ は z の偏角を意味する．) ——

$z-z_0=w$ とおけば $f(z)=\sum(a_n e^{-\lambda_n z_0})e^{-\lambda_n w}=g(w)$. $a'_n=a_n e^{-\lambda_n z_0}$ とおけば $\sum a'_n$ は収束する．ここで $\mathrm{R}(w)\geqq 0$, $|w|/\mathrm{R}(w)\leqq k$ を満たす w からなる領域において $g(w)$ が一様収束することを示せばよい．$\varepsilon>0$ としよう．$A_{m,m'}=\sum_{n=m}^{m'} a'_n$, $S_{m,m'}=\sum_{n=m}^{m'} a'_n e^{-\lambda_n w}$ とおけば $\sum a'_n$ が収束するから十分大きい N をとると $m, m'\geqq N$ のとき $|A_{m,m'}|\leqq\varepsilon$ となる．補題2より，さらに，

$$S_{m,m'}=\sum_{n=m}^{m'-1} A_{m,n}(e^{-\lambda_n w}-e^{-\lambda_{n+1}w})+A_{m,m'}e^{-\lambda_{m'}w}.$$

$w=x+iy$ とおいて補題3を用いれば

$$|S_{m,m'}|\leqq\varepsilon\left(1+\frac{|w|}{x}\sum_{n=m}^{m'-1}(e^{-\lambda_n w}-e^{-\lambda_{n+1}w})\right)\qquad (m,\ m'\geqq N).$$

ゆえに

$$|S_{m,m'}|\leqq\varepsilon(1+k(e^{-\lambda_m x}-e^{-\lambda_{m'}x})).$$

したがって

$$|S_{m,m'}|\leqq\varepsilon(1+k).$$

これより $g(w)$ は明らかに一様収束する．

系 1 もしも f が $z=z_0$ において収束すれば $\mathrm{R}(z)>\mathrm{R}(z_0)$ において f は収束し，しかもここで f は正則である．——

これは命題6および補題1から導かれる．

系 2 級数 f が収束する点の集合は極大開半平面を含む．

(この開半平面を**収束半平面**と呼ぶ．)

(ϕ および $\boldsymbol{C}$ をもまた**開半平面**と呼ぶことにする．) ——

もし，f の収束半平面が $\mathrm{R}(z)>\rho$ で与えられているならば，ρ を級数 f の**収束横座標** (abscissa of convergence) と呼ぶ．(ϕ, $\boldsymbol{C}$ はそれぞれ $\rho=+\infty$, $\rho=-\infty$ の場合に対応する．)

級数 $\sum|a_n|e^{-\lambda_n z}$ の収束半平面を f の**絶対収束半平面**と呼ぶ．その収束横座標を ρ^+ で表わす．$\lambda_n=n$ のとき (現われる級数は整級数となるので) $\rho=\rho^+$ であるが，一般には ρ と ρ^+ とは同じになるとは限らない．たとえば，もっとも簡単な L 級数

$$L(z)=1-3^{-z}+5^{-z}-7^{-z}+\cdots$$

については，後に見るように，$\rho=0$, $\rho^+=1$ である．

系 3 変数 z が領域 $\mathrm{R}(z-z_0)\geqq 0$, $|\mathrm{Arg}(z-z_0)|\leqq\alpha\ (\alpha<\pi/2)$ の中を動いて z_0 に収束するとき，$f(z)$ は $f(z_0)$ に収束する．——

これは命題6および $e^{-\lambda_n z}\to e^{-\lambda_n z_0}$ から明らかである．

系 4 f が恒等的に0であるためには全ての係数 a_n が0となることが必要十分である．——

$f=0$ としよう．$g(z)=e^{\lambda_0 z}f(z)$ とし，z を (たとえば実軸に沿って) $+\infty$ へ近づけよう．$f(z)$ の一様収束性により，このとき $g(z)\to a_0$，したがって $a_0=0$．同様に $a_1=0$ 等々が導かれる．

2.3 正数係数の Dirichlet 級数

命題 7 $f(z)=\sum a_n e^{-\lambda_n z}$, $a_n\geqq 0$ とし，Dirichlet 級数 f が $\mathrm{R}(z)>\rho\ (\rho\in\boldsymbol{R})$ を

満たす z において収束するとしよう．また，$z=\rho$ の近傍で f は正則関数に解析接続されるとする．このとき $\varepsilon>0$ が存在し，f は $\mathrm{R}(z)>\rho-\varepsilon$ を満たす z において収束する．

(いい方を換えれば，f の収束域は実軸上にある f の特異点によって境界づけられるのである．) ——

z を $z-\rho$ によって置き換えて $\rho=0$ としてよい．f は $\mathrm{R}(z)>0$ においても，0 の近傍でも正則だから，$\varepsilon>0$ を十分小さく選べば円板 $|z-1|\leqq 1+\varepsilon$ の中でも f は正則である．ところで補題1により，$\mathrm{R}(z)>0$ のとき f の p 階導関数は

$$f^{(p)}(z)=\sum_n a_n(-\lambda_n)^p e^{-\lambda_n z}$$

によって与えられる．ゆえに

$$f^{(p)}(1)=(-1)^p\sum_n a_n\lambda_n^p e^{-\lambda_n}.$$

さて，上の円板の中で f の Taylor 展開は収束し，

$$f(z)=\sum_{p=0}^{\infty}\frac{1}{p!}(z-1)^p f^{(p)}(1) \qquad (|z-1|\leqq 1+\varepsilon).$$

特に $z=-\varepsilon$ のとき

$$f(-\varepsilon)=\sum_{p=0}^{\infty}\frac{1}{p!}(1+\varepsilon)^p(-1)^p f^{(p)}(1)$$

は収束する．

ところで $(-1)^p f^{(p)}(1)=\sum_n \lambda_n^p a_n e^{-\lambda_n}$ は収束する正項級数だから

$$\begin{aligned}f(-\varepsilon)&=\sum_{p,n} a_n\frac{1}{p!}(1+\varepsilon)^p\lambda_n^p e^{-\lambda_n}\\&=\sum_n a_n e^{-\lambda_n}\left(\sum_{p=0}^{\infty}\frac{1}{p!}(1+\varepsilon)^p\lambda_n^p\right)\\&=\sum_n a_n e^{-\lambda_n}e^{\lambda_n(1+\varepsilon)}=\sum_n a_n e^{\lambda_n\varepsilon}\end{aligned}$$

となり，$f(z)=\sum a^n e^{-\lambda_n z}$ は $z=-\varepsilon$ で収束することがわかる．したがって，f は $\mathrm{R}(z)>-\varepsilon$ においても収束する．

2.4　通例の Dirichlet 級数

$\lambda_n=\log n$ の場合のことである．このとき対応する級数は，複素変数を伝統的な方法に従って s と書いて，

$$f(s)=\sum_{n=1}^{\infty}\frac{a_n}{n^s}$$

と表わされる．

命題 8　a_n が有界ならば $\mathrm{R}(s)>1$ のとき $f(s)$ は絶対収束する．——

これは $\sum_{n=1}^{\infty}1/n^{\alpha}$ が $\alpha>1$ のときに収束するという，よく知られた結果から導かれる．

命題 9　もしも部分和 $A_{m,p}=\sum_{n=m}^{p}a_n$ が有界ならば $\mathrm{R}(s)>0$ のとき $f(s)$ は（必ずしも絶対収束ではないが）収束する．——

$|A_{m,p}|\leqq K$ としよう．Abel の補題（補題 2）を用いれば，$S_{m,m'}=\sum_{n=m}^{m'}a_n/n^s$ と置くと

$$|S_{m,m'}|\leqq K\left(\sum_{n=m}^{m'-1}\left|\frac{1}{n^s}-\frac{1}{(n+1)^s}\right|+\left|\frac{1}{m'^s}\right|\right).$$

ここで，命題 6 より s は実数であると仮定してよいから

$$|S_{m,m'}|\leqq K/m^s$$

となり，収束は明らかである．

§3　ゼータ関数と L 関数

3.1　Euler 積

定義 2　関数 $f: \boldsymbol{N}\to\boldsymbol{C}$ は，n, m が互いに素であるとき $f(nm)=f(n)f(m)$ と

なるならば**乗法的**であるという.

例　Euler 関数 $\varphi(n)$ (第1章1.2), Ramanujan 関数 (第7章4.5) は乗法的である.

f を有界な乗法的関数としよう. $f(1)=1$ とする.

補題 4　Dirichlet 級数 $\sum_{n=1}^{\infty} f(n)/n^s$ は $\mathrm{R}(s)>1$ のとき絶対収束し, その和は次の収束する無限積と等しい:

$$\prod_{p\in P}(1+f(p)p^{-s}+\cdots+f(p^m)p^{-ms}+\cdots).$$

(ここで, 以後もそうだが, P は素数全体の集合を表わす.) ——

与えられた級数が絶対収束することは, f の有界性により命題8から明らかである. S を素数からなる有限集合, $\boldsymbol{N}(S)$ を1以上の自然数で素因数は全て S に属するもの全体の集合とする.

ここで, 直ちにわかるように

$$\sum_{n\in \boldsymbol{N}(S)} \frac{f(n)}{n^s} = \prod_{p\in S}\left(\sum_{m=0}^{\infty} f(p^m)p^{-ms}\right) \qquad (\mathrm{R}(s)>1).$$

S に属する素数の個数を増やしてゆくと, 上の左辺は $\sum_{n=1}^{\infty} f(n)/n^s$ に収束する. このことから補題の無限積が収束し, その極限値が $\sum f(n)/n^s$ に等しいことがわかる.

補題 5　f が強い意味で乗法的である (すなわち $n, n'\in \boldsymbol{N}$ のとき $f(nn')=f(n)f(n')$) とすると,

$$\sum_{n=1}^{\infty} \frac{f(n)}{n^s} = \prod_{p\in P} \frac{1}{1-f(p)/p^s} \qquad (\mathrm{R}(s)>1). \qquad ——$$

$f(p^m)=f(p)^m$ だから, この結果は補題4から導かれる.

3.2　ゼータ関数

3.1 で $f=1$ としよう. ここで

$$\zeta(s)=\sum_{n=1}^{\infty}\frac{1}{n^s}=\prod_{p\in P}\frac{1}{1-\dfrac{1}{p^s}}\qquad(\mathrm{R}(s)>1)$$

となるが，$\zeta(s)$ を**ゼータ関数**という．

命題 10　(a)　$\zeta(s)$ は $\mathrm{R}(s)>1$ において正則かつ $\neq 0$.

(b)　$\mathrm{R}(s)>0$ で正則な関数 $\varphi(s)$ が存在して

$$\zeta(s)=\frac{1}{s-1}+\varphi(s).$$

(a) が成り立つことは，命題 6 系 1 より明らかである．(b) を示すために，まず，次の等式に注目しよう：

$$\frac{1}{s-1}=\int_1^{\infty}t^{-s}dt=\sum_{n=1}^{\infty}\int_n^{n+1}t^{-s}dt.$$

ゆえに，

$$\zeta(s)=\frac{1}{s-1}+\sum_{n=1}^{\infty}\left(\frac{1}{n^s}-\int_n^{n+1}t^{-s}dt\right)$$
$$=\frac{1}{s-1}+\sum_{n=1}^{\infty}\int_n^{n+1}(n^{-s}-t^{-s})dt.$$

ここで，

$$\varphi_n(s)=\int_n^{n+1}(n^{-s}-t^{-s})dt,\qquad \varphi(s)=\sum_{n=1}^{\infty}\varphi_n(s)$$

と置こう．$\mathrm{R}(s)>0$ のとき $\varphi_n(s)$ は正則である．また

$$|\varphi_n(s)|\leqq\sup_{t\in[n,n+1]}|n^{-s}-t^{-s}|$$

であり，$n^{-s}-n^{-s}=0$. 一方 $n^{-s}-t^{-s}$ を t で微分すると s/t^{s+1} が得られるから，$x=\mathrm{R}(s)$ と置くと

$$|\varphi_n(s)| \leqq \frac{|s|}{n^{x+1}}.$$

したがって，$\mathrm{R}(s) \geqq \varepsilon\,(\varepsilon>0)$ において，s がコンパクト集合の中を動くとき，$\sum \varphi_n(s)$ は一様収束する．ゆえに，補題1より $\varphi(s)$ は $\mathrm{R}(s)>0$ のとき正則である．

系 1 $\zeta(s)$ は $s=1$ において1次の極を持つ．

系 2 $s\to 1$ のとき

$$\sum_p p^{-s} \sim \log \frac{1}{s-1}$$

また，このとき $\sum_{p\in P,\, k\geqq 2} p^{-ks}$ は有界である．——

$$\log \zeta(s) = \sum_{p\in P,\, k\geqq 1} \frac{1}{kp^{ks}} = \sum_{p\in P} p^{-s} + \psi(s),$$

ただし，$\psi(s) = \sum_{p\in P,\, k\geqq 2} \frac{1}{kp^{ks}}$ である．

$$\psi(s) < \sum \frac{1}{p^{ks}} = \sum \frac{1}{p^s(p^s-1)} \leqq \sum \frac{1}{p(p-1)} \leqq \sum_{n=2}^{\infty} \frac{1}{n(n-1)}$$
$$= \sum \left(\frac{1}{n-1} - \frac{1}{n}\right) = 1$$

だから $\psi(s)$ は有界．また，系1より $\log \zeta(s) \sim \log \frac{1}{s-1}\,(s\to 1)$ だから求める結果が得られる．

注意 われわれの目的にとっては益するところがないが，$\zeta(s)$ は複素平面全体で定義された $s=1$ のみを極として持つ有理形関数に解析接続されることを指摘して置くべきだろう．さらに

$$\xi(s) = \pi^{-s/2}\Gamma\left(\frac{s}{2}\right)\zeta(s)$$

と置くと，**関数等式** $\xi(s)=\xi(1-s)$ が満たされる．また，s が負の整数のとき $\zeta(s)$ は有理数値をとり，

$$\zeta(-2n)=0 \qquad (n>0)$$

$$\zeta(1-2n)=\frac{(-1)^n B_n}{2n} \qquad (n>0)$$

(ただし B_n は n 番目の Bernoulli 数(第7章4.1参照)を表わす)となる.

$s=-2n\,(n>0)$ 以外の $\zeta(s)$ の零点は $\mathrm{R}(s)=\frac{1}{2}$ を満たす直線上にあることが予想される (Riemann 予想). これは数値的には(三百万個以上の)多くの数について正しいことが確かめられている.

3.3　L 関数

m を $\geqq 1$ となる自然数, χ を mod m の指標としよう (1.3参照). χ に対応する L 関数は Dirichlet 級数

$$L(s,\chi)=\sum_{n=1}^{\infty}\frac{\chi(n)}{n^s}$$

によって与えられる. 上の和において, m と互いに素ではない n については $\chi(n)=0$ となるので, $(n,m)=1$ となる n だけについての和をとればよい.

単位指標 $\chi=1$ の場合には, 何も新しいことは出て来ない. 実際, 次の命題が成り立つ.

命題 11　$\chi=1$ のとき, $F(s)=\prod_{p|m}(1-p^{-s})$ とおけば

$$L(s,1)=F(s)\zeta(s)$$

となる. したがって, $L(s,1)$ は $\mathrm{R}(s)>0$ において解析接続され, $s=1$ を1次の極として持つ. ——

これは命題10より明らかである.

命題 12　$\chi\neq 1$ のとき $L(s,\chi)$ は半平面 $\mathrm{R}(s)>0$ (または $\mathrm{R}(s)>1$) において収束(または絶対収束)する. さらに, $\mathrm{R}(s)>1$ のとき

$$L(s, \chi) = \prod_{p \in P} \frac{1}{1 - \frac{\chi(p)}{p^s}}.$$ ——

R(s)>1 のとき上の命題の主張は 3.1 に述べたことから直ちに導かれる．R(s)>0 のとき，上の級数が収束することを示すことが残っているが，命題9より，そのためには部分和

$$A_{u,v} = \sum_{n=u}^{v} \chi(n) \qquad (u<v)$$

が有界であることがわかればよい．ところが命題4より

$$\sum_{u}^{u+m-1} \chi(n) = 0.$$

また，$v-u<m$ のとき $|A_{u,v}| \leqq \varphi(m)$ だから求める結果が得られる．

注意 上のことから $\chi \neq 1$ のとき $L(1, \chi)$ は有限の値をとることがわかる．Dirichlet の証明において本質的なところは，$L(1, \chi) \neq 0$ を示すことにある．次の節でその事実が示される．

3.4 一つの自然数 m に関する L 関数の積

本節では m は $\geqq 1$ となる自然数で，固定されているものとする．p を m の約数ではない素数とするとき，p の $G(m) = (\boldsymbol{Z}/m\boldsymbol{Z})^*$ への像を $\bar{p}$ と書き，$\bar{p}$ の群 $G(m)$ における位数を $f(p)$ と記す．すなわち，$f(p)$ は $p^f \equiv 1 \pmod{m}$ を成り立たせるような自然数 $f \geqq 1$ の中で最小のものである．$f(p)$ は Euler 関数 $\varphi(m)$ の約数である．ここで

$$g(p) = \frac{\varphi(m)}{f(p)}$$

と置こう．$\bar{p}$ を生成元とする $G(m)$ の部分群を $\langle \bar{p} \rangle$ と書けば，$g(p)$ は商群 $G(m)/\langle \bar{p} \rangle$ の位数である．

補題 6　$p\nmid m$ のとき，次の等式が成り立つ．

$$\prod(1-\chi(p)T)=(1-T^{f(p)})^{g(p)},$$

ただし積は $G(m)$ の全ての指標 χ をわたるものとする．——

W を 1 の $f(p)$ 乗根全体からなる集合とすると，

$$\prod_{w\in W}(1-wT)=1-T^{f(p)}$$

が成り立つ．さて，補題の式で $\chi(\bar{p})\in W$．また W の元 w を任意に与えたとき，$\chi(\bar{p})=w$ となるような χ は $g(p)$ 個あるから，補題が成り立つ．

ここで，新しい関数 $\zeta_m(s)$ を

$$\zeta_m(s)=\prod_{\chi}L(s,\chi)$$

によって定める．積は $G(m)$ の全ての指標 χ をわたるものとする．

命題 13　$$\zeta_m(s)=\prod_{p\nmid m}(1-p^{-f(p)s})^{-g(p)}.$$

$\zeta_m(s)$ は $\geqq 0$ なる自然数を係数とする Dirichlet 級数で，半平面 $\mathrm{R}(s)>1$ において収束する．——

命題 11, 12 に示された $L(s,\chi)$ の Euler 積展開と補題 6 から，直ちに上の式が得られる．また，$\mathrm{R}(s)>1$ のときに $\zeta_m(s)$ が収束することも命題 12 から明らか．$\zeta_m(s)$ の係数が $\geqq 0$ なる自然数となることも上の展開式からわかる．

定理 1　(a)　ζ_m は $s=1$ を 1 次の極として持つ．

(b)　$\chi\neq 1$ のとき $L(1,\chi)\neq 0$．——

$L(s,1)$ が $s=1$ を 1 次の極として持つから (b)⇒(a)．(b) を示すために，$\chi\neq 1$ かつ $L(1,\chi)=0$ を満たす χ があるとして矛盾を導こう．このとき ζ_m は $s=1$ において正則，したがって $\mathrm{R}(s)>0$ のときも正則である（命題 11, 12）．ζ_m は正数係数の Dirichlet 級数なので $\mathrm{R}(s)>0$ のとき収束する（命題 7）．

ところが

$$(1-p^{-f(p)s})^{-g(p)}=(1+p^{-f(p)s}+p^{-2f(p)s}+\cdots)^{g(p)}$$

$$> 1+p^{-\varphi(m)s}+p^{-2\varphi(m)s}+\cdots$$

だから $\zeta_m(s)$ の係数はみな

$$\sum_{(n,m)=1} n^{-\varphi(m)s}$$

の係数以上となるわけだが，後者は $s=1/\varphi(m)$ のとき発散するので，矛盾が導かれた．

注意 ζ_m は，有限項の因子を除けば，円の m 分体に附随するゼータ関数に等しい．したがって，ζ_m が $s=1$ を1次の極として持つということは，代数体のゼータ関数についての一般論からも導かれる．

§4 密度と Dirichlet の定理

4.1 密 度

P を素数全体の集合とする．既に見たように(命題10系2) s が1に近づくとき(s は >1 なる実数を動くとしてもよい)

$$\sum_{p\in P}\frac{1}{p^s}\sim\log\frac{1}{s-1}.$$

A を P の部分集合とする．$s\to 1$ のとき次の比が k に近づくとしよう．

$$\left(\sum_{p\in A}\frac{1}{p^s}\right)\Big/\left(\log\frac{1}{s-1}\right).$$

このとき A の**密度**は k であるという．(当然のことながら $0\leqq k\leqq 1$.) 算術級数定理は正確には次のように叙述される．

定理 2 $m\geqq 1$, $(a,m)=1$ (a, m はともに自然数)とし，P_a を $p\equiv a \pmod m$ を満たす素数 p 全体の集合とする．P_a の密度は $1/\varphi(m)$ に等しい．

(いい方を変えれば，素数の集合は m と互いに素であるような数の mod m の類(それらは $\varphi(m)$ 個ある)に“平等に”分布しているのである．)

系 P_a は無限集合である. ——

実際 P_a が有限ならば，その密度は 0 である.

4.2 補　　題

χ を $G(m)$ の指標とする.

$$f_\chi(s)=\sum_{p\nmid m}\frac{\chi(p)}{p^s}$$

と置けば，$\mathrm{R}(s)>1$ のとき $f_\chi(s)$ は絶対収束する.

補題 7 $\chi=1$ ならば $s\to1$ のとき $f_\chi\sim\log\dfrac{1}{s-1}$. ——

実際，f_1 は $\sum 1/p^s$ と有限項を除いて一致する.

補題 8 $\chi\neq1$ ならば $s\to1$ のとき f_χ は有界である. ——

$\log L(s,\chi)$ を用いるのであるが，log は多価関数なのでいくらか注意しなければならない.

$L(s,\chi)$ は積 $\prod 1/(1-\chi(p)p^{-s})$ によって定められる．$\mathrm{R}(s)>1$ のとき上の各因子は $1/(1-\alpha)\,(|\alpha|<1)$ という形をしている．ここで

$$\log\frac{1}{1-\alpha}=\sum_{n=1}^{\infty}\frac{\alpha^n}{n}$$

(log の “主値” である) と置き $\log L(s,\chi)$ を

$$\log L(s,\chi)=\sum\log\frac{1}{1-\chi(p)p^{-s}}=\sum\frac{\chi(p)^n}{np^{sn}}\qquad(\mathrm{R}(s)>1)$$

と置いて定めよう (これは明らかに収束する).

($\mathrm{R}(s)>1$ のとき $\log L(s,\chi)$ の “分枝” を適当にとり，$s\to\infty$ のとき値が 0 に近づくようにしてもよい.)

$\log L(s,\chi)$ は $f_\chi(s)+F_\chi(s)$ (ただし $F_\chi(s)=\sum_{p\in P,\,n\geqq2}\chi(p)^n/np^{sn}$) に等しい．定理 1 および命題 10 系 2 によって，$s\to1$ のとき $\log L(s,\chi)$，$F_\chi(s)$ はともに有界だから $f_\chi(s)$ も有界である.

4.3　定理2の証明

関数

$$g_a(s)=\sum_{p\in P_a}\frac{1}{p^s}$$

が $s\to1$ のとき，どのように振舞うかを見ることが目的である．

補題 9　次の等式が成り立つ．

$$g_a(s)=\frac{1}{\varphi(m)}\sum_{\chi}\chi(a)^{-1}f_\chi(s).$$

ただし，和は $G(m)$ の全ての指標 χ をわたるものとする．——

f_χ を定義式で置きかえれば，$\sum_{\chi}\chi(a)^{-1}f_\chi(s)$ は

$$\sum_{p\nmid m}\frac{\sum_{\chi}\chi(a^{-1})\chi(p)}{p^s}$$

に等しい．ところが，$\chi(a^{-1})\chi(p)=\chi(a^{-1}p)$ である．命題4の系より

$$\sum_{\chi}\chi(a^{-1}p)=\begin{cases}\varphi(m), & a^{-1}p\equiv1 \pmod m\\ 0, & a^{-1}p\not\equiv1 \pmod m).\end{cases}$$

だから，上の和は $\varphi(m)g_a(s)$ に等しい．

定理2はいまや明らかである．実際補題7より $\chi=1$ のとき $f_\chi(s)\sim\log\dfrac{1}{s-1}$ であり，$\chi\neq1$ ならば $s\to1$ のとき $f_\chi(s)$ は有界なのだから，補題9より $s\to1$ のとき

$$g_a(s)\sim\frac{1}{\varphi(m)}\log\frac{1}{s-1}.$$

すなわち，P_a の密度は $1/\varphi(m)$ に等しい．

4.4　応　　用

命題 14　a を平方数とは異なる整数とする．$\left(\dfrac{a}{p}\right)=1$ を満たす素数 p 全体の集合の密度は 1/2 である．——

a が平方因子を持たない場合について考えればよい．$m=4|a|$ とし，$G(m)$ の指標 χ_a を 1.3 の命題 5 で与えられたものとしよう．$\chi_a(p)=\left(\dfrac{a}{p}\right)$，$\chi_a^2=1$ である．$\mathrm{Ker}\,\chi_a=H$ とすれば $\chi_a\neq 1$ だから $(G(m):H)=2$．p を m の約数とは異なる素数とするときその $G(m)$ への像を $\bar{p}$ と記す．$\left(\dfrac{a}{p}\right)=1$ ならば $\bar{p}\in H$，またその逆も成り立つ．さて，定理 2 より $\left\{p\in P\,\middle|\,\left(\dfrac{a}{p}\right)=1\right\}$ の密度は $(G(m):H)$ の逆数だから 1/2 に等しい．

系　<u>a を整数とする．もしも $X^2-a=0$ が有限個の p を除く全ての素数 p に対して mod p で解を持てば，a は平方数である．</u>

注意　上の系と同様の結果は別の方程式についても成り立つ．たとえば：

(i)　$f(X)=a_0X^n+\cdots+a_n$ は整数係数の n 次多項式で，$\boldsymbol{Q}$ 上既約であるとしよう．K を $\boldsymbol{Q}$ の代数的閉包の中で f の根によって生成される体とし，$N=[K:\boldsymbol{Q}]$ とする；$N\geqq n$ である．P_f を素数 p の集合で，f が "mod p で完全に分解する" という条件を満たす p からなるものとする．ここで，上記の条件は $f\pmod p$ の根が全て $\boldsymbol{F}_p$ に属することを意味する．このとき P_f の密度は $1/N$ となることが証明される．(証明は Dirichlet の定理の証明と類似の方法による．代数体 K のゼータ関数が $s=1$ を 1 次の極として持つという事実が用いられる.) また，P'_f は素数 p の集合で，$f\pmod p$ が少なくとも一つの根を $\boldsymbol{F}_p$ の中に持つという条件を満たす p 全体からなるものとすれば，P'_f の密度は q/N という形で与えられる (ただし $1\leqq q<N$ ($n=1$ の場合は別だが))．

(ii)　より一般的に，$\{f_\alpha(X_1,\cdots,X_n)\}$ を整数係数の多項式の族とし，$Q=\{p\in P\,|\,f_\alpha\pmod p$ が $(\boldsymbol{F}_p)^n$ に共通零点を持つ$\}$ とすれば，Q の密度は有理数であり，Q が有限でない限り >0 となることが示される (J. Ax, Ann. of Math., 85, 1967, p. 161–183 参照)．

4.5　自然密度

われわれが問題にしてきた密度は "解析的" (あるいは，"Dirichlet 流") のものであった．一見複雑であるが，よく用いられる密度概念である．

解析的密度の他に“自然密度”と呼ばれるものがある．P の部分集合 A に対して

$$\mu_A(n) = \mathrm{Card}(\{p \in A \mid p \leqq n\})$$

と置く．$n \to \infty$ のとき $\mu_A(n)/\mu_P(n) \to k$ ならば k を A の“自然密度”というのである．

A の自然密度が k ならば A の解析的密度も定まり，それは k に等しいことが示される．しかし，解析的密度が定まっても，自然密度は定まらないこともある．たとえば P^1 を，10進法で表わしたとき1で始まるような素数全体の集合とすると，素数定理を用いて容易に示されるように P^1 は自然密度を持たない．ところが Bombieri からの手紙によると P^1 は解析的密度を持つことが証明される（それは $\log_{10}2 = 0.3010\cdots$ となる）．

われわれが問題にして来たような素数の部分集合については，このような“病的現象(pathologie)”は起こらない．すなわち $\{p \in P \mid p \equiv a \pmod{m}\}$ は自然密度を持つ（$(a, m) = 1$ のとき，それは $1/\varphi(m)$ である）．4.4 の P_f, P'_f, Q についても同様である．証明（および“誤差”）については K. Prachar, Primzahlverteilung, V, §7 を参照されたい．

第7章　保型形式

§1　モジュラー群

1.1　定　義

$\boldsymbol{C}$ の**上半平面**，すなわち $\{z\in\boldsymbol{C}\,|\,\mathrm{Im}(z)>0\}$ ($\mathrm{Im}(z)$ は z の虚数部分) を H と表わす．

$SL_1(\boldsymbol{R})$ は実数係数の行列 $\begin{bmatrix} a & b \\ c & d \end{bmatrix}$ で $ad-bc=1$ を満たすもの全体からなる群としよう．$SL_2(\boldsymbol{R})$ は $\tilde{\boldsymbol{C}}=\boldsymbol{C}\cup\{\infty\}$ に次のような仕方で作用する：

$g=\begin{bmatrix} a & b \\ c & d \end{bmatrix}\in SL_2(\boldsymbol{R})$, $z\in\tilde{\boldsymbol{C}}$ に対し

$$gz=\frac{az+b}{cz+d}.$$

ここで容易にわかるように $z\in\boldsymbol{C}$ のとき

$$\mathrm{Im}(gz)=\frac{\mathrm{Im}(z)}{|cz+d|^2}. \tag{1}$$

これから H は $SL_2(\boldsymbol{R})$ の作用によって自分自身へ写されることがわかる．さて $SL_2(\boldsymbol{R})$ の元 $-1=\begin{bmatrix} -1 & 0 \\ 0 & -1 \end{bmatrix}$ は H に自明な仕方で作用する (すなわち $-1z=z$) から，$PSL_2(\boldsymbol{R})=SL_2(\boldsymbol{R})/\{\pm1\}$ が H に作用すると考えることができる (実は $PSL_2(\boldsymbol{R})$ は H に忠実に作用する．さらに，$PSL_2(\boldsymbol{R})$ を H の解析的自己同形群と同一視してもよいことが示される)．

$SL_2(\boldsymbol{Z})$ を $SL_2(\boldsymbol{R})$ の部分群で整数係数の行列からなるものとしよう．すなわち

$$SL_2(\boldsymbol{Z}) = \left\{\begin{bmatrix} a & b \\ c & d \end{bmatrix} \middle| a, b, c, d \in \boldsymbol{Z},\ \ ad-bc = 1\right\}.$$

これは $SL_2(\boldsymbol{R})$ の離散的部分群である.

定義 1 $SL_2(\boldsymbol{Z})$ の $PSL_2(\boldsymbol{R})$ への像

$$G = SL_2(\boldsymbol{Z})/\{\pm 1\}$$

を**モジュラー群**と呼ぶ. ——

$g=\begin{bmatrix} a & b \\ c & d \end{bmatrix}$ が $SL_2(\boldsymbol{Z})$ の元であるとき, g のモジュラー群 G への像をも同じ g で表わすことが多い.

1.2 モジュラー群の基本領域

G の元 S, T をそれぞれ $\begin{bmatrix} 0 & -1 \\ 1 & 0 \end{bmatrix}$, $\begin{bmatrix} 1 & 1 \\ 0 & 1 \end{bmatrix}$ の像としよう. すると

$$Sz = -1/z, \qquad Tz = z+1 \qquad (z \in H)$$

$$S^2 = 1, \qquad (ST)^3 = 1$$

となる.

さて, $D=\{z\in H \mid |z| \geqq 1, |\mathrm{R}(z)| \leqq 1/2\}$ と置こう. 図1に D を G の元

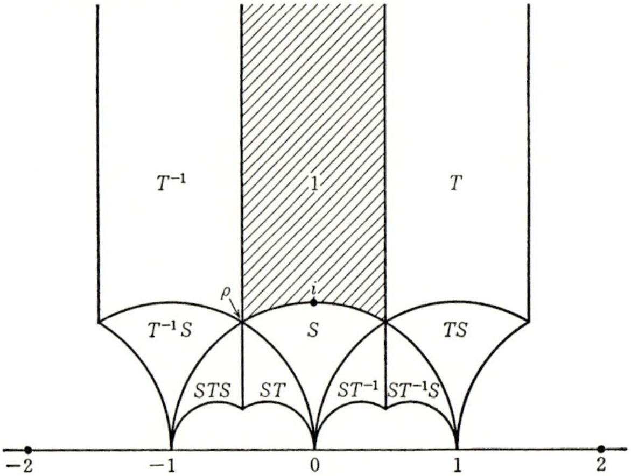

図 1

$$\{1, T, TS, ST^{-1}S, ST^{-1}, S, ST, STS, T^{-1}S, T^{-1}\}$$

で写したものが示されている.

D は G の上半平面 H への作用に関する**基本領域**であることを示そう. すなわち次の定理が成り立つ:

定理 1 (1) 任意の $z \in H$ に対して, G の元 g が存在して $gz \in D$ となる.

(2) D に属する異なる2点 z, z' が G を法として合同である(すなわち $gz = z'$ となるような $g \in G$ が存在する)としよう. このとき $\mathrm{R}(z) = \pm 1/2$ かつ $z = z' \pm 1$ または $|z| = 1$ かつ $z' = -1/z$ のいずれかが成り立つ.

(3) $z \in D$, $I(z) = \{g \in G \mid gz = z\}$ を G の z における固定群とすると, 次の場合を除いて $I(z) = \{1\}$ である: $z = i$, このとき $I(z)$ は S によって生成される位数2の群; $z = \rho = e^{2\pi i/3}$, このとき $I(z)$ は ST によって生成される位数3の群; $z = -\bar{\rho} = e^{\pi i/3}$, このとき $I(z)$ は TS によって生成される位数3の群である. ——

(1), (2) から次の系が導かれる.

系 標準的写像 $D \to H/G$ は全射であり, その D の内点の集合 D^i への制限は単射である.

定理 2 群 G は S, T によって生成される.

定理 1, 2 の証明 S, T によって生成される G の部分群を G' と記そう. $z \in H$ とする. まず, G' の元 g' が存在して $g'z \in D$ となることを示そう. 定理1(1) を示すためには, これで十分である. $g = \begin{bmatrix} a & b \\ c & d \end{bmatrix} \in G'$ のとき

$$(1) \qquad \mathrm{Im}(gz) = \frac{\mathrm{Im}(z)}{|cz+d|^2}$$

であり, c, d は整数であるから, $|cz+d|$ が与えられた定数をこえないような組 (c, d) の個数は有限である. これからわかるように, $g \in G'$ を適当に選べば $\mathrm{Im}(gz)$ は最大値をとる. 一方, 整数 n を適当に選べば $T^n gz$ の実数部分が $-1/2$ と $1/2$ の間にくるようにすることができる. $z' = T^n gz$ は D に属する. 実際 $|z'| \geqq 1$ となることが示されれば十分であるが, もしも $|z'| < 1$ ならば

$$\mathrm{Im}(-1/z') > \mathrm{Im}(z') = \mathrm{Im}(gz)$$

となり，これは g の選び方に反する．$g'=T^n g$ と置けば条件に適合する．

次に定理1の(2),(3)を示そう．$z\in D$, $g=\begin{bmatrix} a & b \\ c & d \end{bmatrix}\in G$ とし $gz\in D$ と仮定する．ここで $\mathrm{Im}(gz)\geqq \mathrm{Im}(z)$ としてもよい．実際もし $\mathrm{Im}(gz)<\mathrm{Im}(z)$ ならば $z'=gz$, $g'=g^{-1}$ と置きなおせば $z'\in D$, $g'\in G$, $g'z'=z\in D$ となり，$\mathrm{Im}(g'z')\geqq \mathrm{Im}(z')$ である．さて，$\mathrm{Im}(gz)\geqq \mathrm{Im}(z)$ となるためには $|cz+d|\leqq 1$ とならなければならないが，$|c|\geqq 2$ のときこれは不可能である．ゆえに $c=0, 1, -1$ の場合のみが可能であるが，$c=0$ ならば $a=d=\pm 1$, $g=T^{\pm b}$, また，$\mathrm{R}(z), \mathrm{R}(gz)$ はともに $-1/2$ と $1/2$ の間にあるから $b=0$, $g=1$ または $b=\pm 1$ で $\mathrm{R}(z), \mathrm{R}(gz)$ のどちらかは $-1/2$, 他方は $1/2$ となる．また $c=1$ ならば，$|z+d|\leqq 1$, ゆえに $z=\rho$, $-\bar{\rho}$ でなければ $d=0$ である．$z=\rho$ (または $-\bar{\rho}$) ならば d として $0, 1$ (または $0, -1$) をとり得る．$c=1$, $d=0$ ならば $|z|=1$. また $ad-bc=1$ より $b=-1$. ここで $gz=a-1/z$ が D の元となるためには $\mathrm{R}(z)=\pm 1/2$, すなわち $z=\rho$, $-\bar{\rho}$ でない限り $a=0$ であること，ゆえに $gz=-1/z$ となることがわかる．さて $c=1$, $d=0$, $z=\rho$ (または $-\bar{\rho}$) のときは，$a=0, -1$ (または $a=0, 1$) としてよい．また，$c=1$, $d=1$, $z=\rho$ のときは，$ad-bc=a-b=1$ だから

$$gz = \frac{(a\rho+(a-1))}{(\rho+1)} = a-(\rho+1)^{-1} = a+\rho.$$

ゆえに $a=0, 1$. $d=-1$, $z=-\bar{\rho}$ のときも同様である．なお残った場合として，$c=-1$ のときがあるが，このときは $g'=-g$ とおけば $c=1$ の場合に帰着する（g と $-g$ は G の元としては同一のものと見なされる）．定理1(2),(3)が成り立つことは，上の考察から容易にわかる．

つぎに $G=G'$ を示すことが残っている．$g\in G$ としよう．z_0 を D の内点（たとえば $z_0=2i$）とし，$z=gz_0$ とする．上に示したように，このとき G' の元 g' が存在して $g'z\in D$ となる．z_0 と $g'z=g'gz_0$ は G を法として合同であり，z_0 は D の内点だから，上に示した(2),(3)から $z_0=g'gz_0$, しかも $g'g=1$ となることが

わかる．ゆえに $g\in G'$，したがって $G'=G$ である．

注意 $\langle S, T;\ S^2, (ST)^3\rangle$ は G の**表示**(presentation)を与える．すなわち，G は S を生成元とする位数 2 の巡回群と，ST を生成元とする位数 3 の巡回群の自由積となる．

§2 保 型 関 数

2.1 定 義

定義 2 k を整数とする．上半平面 H 上で有理形である関数 f は，任意の $\begin{bmatrix} a & b \\ c & d \end{bmatrix}\in SL_2(\boldsymbol{Z})$ について

$$f(z)=(cz+d)^{-2k}f\left(\frac{az+b}{cz+d}\right) \tag{2}$$

が満たされるとき，**重さ $2k$ の，弱い意味での保型関数**と呼ばれる．("重さ $2k$" というかわりに f は "重さ $-2k$" または "重さ k" であるとする書物もある．)

——

$\begin{bmatrix} a & b \\ c & d \end{bmatrix}$ の G における像を g と書けば，

$$\frac{d(gz)}{dz}=(cz+d)^{-2}.$$

ゆえに公式(2)は

$$\frac{f(gz)}{f(z)}=\left(\frac{d(gz)}{dz}\right)^{-k}$$

あるいは，

$$f(gz)d(gz)^k=f(z)dz^k \tag{3}$$

とも表わされる．これは，"重さ k の微分形式" $f(z)dz^k$ が G 不変であることを意味している．G は S, T によって生成されるので(定理 2)，f が条件を満たすためには $f(z)dz^k$ が S によっても，T によっても不変であることが十分である．

こうして，次の命題が得られる：

命題 1　f を H 上で有理形の関数とする．f が重さ $2k$ の弱い意味での保型関数となるためには，次の2条件が成り立つことが必要十分である：

(4)　$$f(z+1)=f(z)$$

(5)　$$f\left(\frac{-1}{z}\right)=z^{2k}f(z).$$ ——

今，条件(4)が満たされているとしよう．このとき f は H の領域 $I=\left\{z\in H \middle| -\frac{1}{2}\leqq \mathrm{R}(z)\leqq\frac{1}{2}\right\}$ への制限によって定まる．I の各点 z を $q=e^{2\pi iz}$ へ写す写像は，I から円板 $\{q\,|\,|q|<1\}$ から原点を除いたものへの全単射となり，$\tilde{f}(q)=f(z)$ と置くことによって関数 $\tilde{f}$ が得られる．ここで，$\tilde{f}$ が原点 $q=0$ で有理形(あるいは正則)な関数に解析接続されるとき，簡単のために，f は**無限遠点において有理形**(あるいは**正則**)であるといおう．これは，$\tilde{f}$ が $q=0$ の近傍で Laurent 展開

$$\tilde{f}(q)=\sum_{-\infty}^{\infty}a_nq^n$$

を持ち，n が十分小さい(あるいは $n<0$ の)とき $a_n=0$ となることを意味する．

定義 3　弱い意味での保型関数は無限遠点で有理形であるとき**保型関数**と呼ばれる．——

f が無限遠点で正則であるとき，$f(\infty)=\tilde{f}(0)$ と置きこれを f の**無限遠点における値**と呼ぶ．

定義 4　(無限遠点をも含む)いたるところで正則な保型関数を**保型形式**という；特に無限遠点での値が0となる保型形式を**放物形式**(または**尖点形式**——独語では Spitzenform，英語では cusp form)と呼ぶ．——

重さ $2k$ の保型形式は級数

(6)　$$f(z)=\sum_{n=0}^{\infty}a_nq^n=\sum_{n=0}^{\infty}a_ne^{2\pi iz}$$

で与えられる．この級数は $|q|<1$ (すなわち $\mathrm{Im}(z)>0$) において収束し，等式

$$f\left(\frac{-1}{z}\right)=z^{2k}f(z) \tag{5}$$

を満たす．ここで $a_0=0$ のとき f は放物形式である．

例 (1) f，f' がそれぞれ重さ $2k$，$2k'$ を持つ保型形式であれば，積 ff' は重さ $2k+2k'$ を持つ保型形式となる．

(2) 後に示すように関数

$$q\prod_{n=1}^{\infty}(1-q^n)^{24}=q-24q^2+252\,q^3-1472q^4+\cdots$$

は重さ 12 の放物形式である．

2.2 格子関数と保型関数

まず実数体上の有限次元ベクトル空間 V の中の**格子**の定義を想い出しておこう．V の中の格子とは，V の部分加群 Γ で次の互いに同値な条件を満たすものである：

(i) Γ は離散的で V/Γ はコンパクト；

(ii) Γ は離散的でベクトル空間 V の $\boldsymbol{R}$ 基底を含む；

(iii) V の $\boldsymbol{R}$ 基底 $\{e_1,\cdots,e_n\}$ で Γ の $\boldsymbol{Z}$ 基底ともなるもの (すなわち $\Gamma=\boldsymbol{Z}e_1\oplus\cdots\oplus\boldsymbol{Z}e_n$ を満たすもの) がある．

$\boldsymbol{C}$ を $\boldsymbol{R}$ 上のベクトル空間と見なしたとき，その中の格子全体からなる集合を $\mathfrak{R}$ と表わそう．また M を $\boldsymbol{C}^*$ の元の順序づけられた組 (ω_1,ω_2) で $\mathrm{Im}(\omega_1/\omega_2)>0$ を満たすもの全体からなる集合とする．M の元 (ω_1,ω_2) に $\{\omega_1,\omega_2\}$ を基底とする格子

$$\Gamma(\omega_1,\omega_2)=\boldsymbol{Z}\omega_1\oplus\boldsymbol{Z}\omega_2$$

を対応させる．こうして，M から $\mathfrak{R}$ への写像が得られるが，これは明らかに全射である．

さて，$g=\begin{bmatrix} a & b \\ c & d \end{bmatrix}\in SL_2(\boldsymbol{Z})$，$(\omega_1, \omega_2)\in M$に対し

$$\omega_1' = a\omega_1+b\omega_2, \qquad \omega_2' = c\omega_1+d\omega_2$$

と置こう．$\{\omega_1', \omega_2'\}$は明らかに$\Gamma(\omega_1, \omega_2)$の基底となる．さらに，このとき$z=\omega_1/\omega_2$，$z'=\omega_1'/\omega_2'$と置けば

$$z' = \frac{az+b}{cz+d} = gz$$

となるから$\mathrm{Im}(z')>0$，したがって$(\omega_1', \omega_2')\in M$である．

命題 2 Mの元(ω_1, ω_2)，(ω_1', ω_2')が同一の格子を定めるための必要十分条件は，$SL_2(\boldsymbol{Z})$の元gがあって

$$(*) \qquad g\begin{bmatrix} \omega_1 \\ \omega_2 \end{bmatrix} = \begin{bmatrix} \omega_1' \\ \omega_2' \end{bmatrix}$$

が成り立つことである．——

与えられた条件が十分条件となることは上で見た．逆に$\boldsymbol{Z}\omega_1\oplus\boldsymbol{Z}\omega_2=\boldsymbol{Z}\omega_1'\oplus\boldsymbol{Z}\omega_2'$となれば上式(*)の満たすような$g=\begin{bmatrix} a & b \\ c & d \end{bmatrix}$で$\det g=\pm 1$となるものがある．ところで$z=\omega_1/\omega_2$，$z'=\omega_1'/\omega_2'$とおくとき，$\mathrm{Im}(z')=\mathrm{Im}(gz)=\det g.\ \mathrm{Im}(z)/|cz+d|^2>0$，$\mathrm{Im}(z)>0$だから$\det g>0$，ゆえに$\det g=1$である．

上の命題により$\boldsymbol{C}$の格子の集合$\mathfrak{R}$とMの$SL_2(\boldsymbol{Z})$の作用による類の集合とを同一視してもよいことがわかる．

さて，$\boldsymbol{C}^*\ni\lambda$に対して$\Gamma\longmapsto\lambda\Gamma$（または$(\omega_1, \omega_2)\longmapsto(\lambda\omega_1, \lambda\omega_2)$）とおいて$\boldsymbol{C}^*$の$\mathfrak{R}$（または$M$）への作用を定めよう．商集合$M/\boldsymbol{C}^*$は写像$(\omega_1, \omega_2)\longmapsto z=\omega_1/\omega_2$を通して$H$と同一視される．ここで$(\omega_1, \omega_2)$の属する$M/\boldsymbol{C}^*$の元を$[\omega_1, \omega_2]$と書き，$g\in SL_2(\boldsymbol{Z})$に対して

$$g\begin{bmatrix} \omega_1 \\ \omega_2 \end{bmatrix} = \begin{bmatrix} \omega_1' \\ \omega_2' \end{bmatrix}$$

によって(ω_1', ω_2')を定めると，$[\omega_1', \omega_2']$は$[\omega_1, \omega_2]$の代表元のとり方によらずに定まる．また，このとき$z=\omega_1/\omega_2$，$z'=\omega_1'/\omega_2'$と置けば

$$gz = z'$$

である．こうして，次の命題が得られる．

命題 3 写像 $(\omega_1, \omega_2) \longmapsto \omega_1/\omega_2$ は，商集合 $\mathfrak{R}/\boldsymbol{C}^*$ から $H/G\ (G = SL_2(\boldsymbol{Z})/\{\pm 1\})$ への全単射をひき起こす．(こうして H/G の元は $\boldsymbol{C}$ の格子の相似関係に関する同値類と同一視される．) ——

注意 $\boldsymbol{C}$ の格子 Γ に楕円曲線 $E_\Gamma = \boldsymbol{C}/\Gamma$ を対応させよう．格子 Γ, Γ' に対して $E_\Gamma \cong E_{\Gamma'} \Longleftrightarrow \Gamma' = \lambda\Gamma\ (\lambda \in \boldsymbol{C}^*)$ となることが容易にわかる．こうして，$H/G = \mathfrak{R}/\boldsymbol{C}^*$ はまた楕円曲線の同形類の集合とも同一視されるのである．——

保型関数の話に戻ろう．F を $\mathfrak{R}$ から $\boldsymbol{C}$ への関数，$k \in \boldsymbol{Z}$ とする．

$$(7) \qquad F(\lambda\Gamma) = \lambda^{-2k} F(\Gamma) \qquad (\lambda \in \boldsymbol{C}^*,\ \Gamma \in \mathfrak{R})$$

が成り立つとき F は**重さ** $2k$ を持つという．

ここで $(\omega_1, \omega_2) \in M$ に対し $F(\omega_1, \omega_2) = F(\Gamma(\omega_1, \omega_2))$ と置こう．(7) を書き直せば

$$(8) \qquad F(\lambda\omega_1, \lambda\omega_2) = \lambda^{-2k} F(\omega_1, \omega_2)$$

となる．また，$F(\omega_1, \omega_2)$ は $SL_2(\boldsymbol{Z})$ の作用に関して不変である．

公式 (8) から $\omega_2^{2k} F(\omega_1, \omega_2)$ は $z = \omega_1/\omega_2$ のみによって定まることがわかる．したがって H 上の関数 f があって

$$(9) \qquad F(\omega_1, \omega_2) = \omega_2^{-2k} f\left(\frac{\omega_1}{\omega_2}\right)$$

となる．F が $SL_2(\boldsymbol{Z})$ の作用によって不変であることから

$$(2) \qquad f(z) = (cz+d)^{-2k} f\left(\frac{az+b}{cz+d}\right) \qquad \left(\begin{bmatrix} a & b \\ c & d \end{bmatrix} \in SL_2(\boldsymbol{Z})\right)$$

が導かれる．

逆に，もし f が (2) を満たせば (9) によって定まる F は $\mathfrak{R}$ から $\boldsymbol{C}$ への重さ $2k$ の関数となる．こうして，重さ $2k$ の保型関数は重さ $2k$ の或る種の格子の関数と同一視される．

2.3　保型関数の例：Eisenstein 級数

補題 1　Γ を $\boldsymbol{C}$ の格子とする．級数 $\sum_{\gamma\in\Gamma}' 1/|\gamma|^\sigma$ は $\sigma>2$ のとき収束する．

($\sum_{\gamma\in\Gamma}'$ は Γ の零とは異なる元 γ についての和を意味する．)——

証明は $\sum 1/n^\alpha$ の収束性を示す場合と同様に行なう．すなわち与えられた級数は $\iint \frac{dxdy}{(x^2+y^2)^{\sigma/2}}$(積分範囲は平面から原点を中心とする或る円の内部を除いたもの)の定数倍を越えないことを示し，上の二重積分を極座標を用いて計算すればよい．これとは別の証明法として，

$$\mathrm{Card}(\{\gamma\in\Gamma \mid n\leqq|\gamma|\leqq n+1\}) = O(n)$$

に注意し，$\sum 1/n^{\sigma-1}$ の収束性から補題を導く方法もある．いずれにせよ，証明は容易なので読者にお任せする．

$k>1$ を自然数，Γ を $\boldsymbol{C}$ の格子とし，

$$G_k(\Gamma) = \sum_{\gamma\in\Gamma}' \frac{1}{\gamma^{2k}} \tag{10}$$

と置こう．補題 1 によってこの級数は絶対収束する．G_k は明らかに重さ $2k$ を持つ．G_k は指数 k (または $2k$ ともいう)の **Eisenstein 級数**と呼ばれる．前節で述べたように，G_k は M 上の関数とも見なされ，このとき G_k を

$$G_k(\omega_1, \omega_2) = \sum_{m,n}' \frac{1}{(m\omega_1+n\omega_2)^{2k}} \tag{11}$$

と表わす．ここでも $\sum_{m,n}'$ は $(0,0)$ 以外の $\boldsymbol{Z}\times\boldsymbol{Z}$ の全ての元 (m,n) についての和を表わす．前節の (9) によって，G_k に対応する H 上の関数が得られるが，これを再び G_k と表わせば

$$G_k(z) = \sum_{m,n}' \frac{1}{(mz+n)^{2k}}. \tag{12}$$

命題 4　$k>1$ を自然数とすると Eisenstein 級数 G_k は重さ $2k$ の保型形式であり，次の式が成り立つ．

$$G_k(\infty) = 2\zeta(2k)$$

ただし，ζはRiemannゼータ関数である．——

上に述べたことから，G_kが重さ$2k$の弱い意味での保型関数であることがわかる．G_kが(無限遠点をも含む)到る所で正則であることを示そう．まず，zが基本領域D(1.2参照)に含まれる場合($z\neq\infty$)について考える．この場合

$$|mz+n|^2 = m^2z\bar{z}+2mn\,\mathrm{R}(z)+n^2 \geqq m^2-mn+n^2 = |m\rho-n|^2 \qquad (\rho=e^{2\pi i/3}).$$

一方，補題1によって$\sum' 1/|m\rho-n|^2$は収束するから$G_k(z)$はDにおいて一様絶対収束する．$z\in H$，$g^{-1}z\in D\,(g\in G)$のときも$G_k(g^{-1}z)$を考えれば，G_kはgDにおいても一様絶対収束することがわかる．こうしてG_kはHで正則となることが示される．$\mathrm{Im}(z)\to\infty$のとき$G_k(z)$が極限を持つことを示そう．まず，zがDの点を動きながら∞に近づくとしよう．このとき，G_kがD上で一様絶対収束することにより，G_kの項別極限をとればよい．ところが$m\neq 0$のとき$1/(mz+n)^{2k}\to 0$；$m=0$のとき$1/(mz+n)^{2k}=1/n^{2k}$だから$G_k(z)\to\sum' 1/n^{2k}=2\sum_{n=1}^{\infty}1/n^{2k}=2\zeta(2k)$となる．これから，$\mathrm{Im}(z)\to\infty$のとき，$\lim G_k(z)=2\zeta(2k)$となることが容易に示される．

注意 4.2でG_kの$q=e^{2\pi iz}$級数展開を与える．

例 G_2, G_3は最も小さい重さを持つEisenstein級数であり，それらの重さはそれぞれ4,6である．楕円曲線の理論との関係で，G_2, G_3よりも

(13) $$g_2 = 60G_2, \qquad g_3 = 140G_3$$

を考える方がよく行なわれる．$g_2(\infty)=120\zeta(4)$，$g_3(\infty)=280\zeta(6)$である．$\zeta(4)$，$\zeta(6)$の値は知られているので(たとえば4.1参照)次の結果が得られる．

(14) $$g_2(\infty) = \frac{4}{3}\pi^4, \qquad g_3(\infty) = \frac{8}{27}\pi^6.$$

ここで

(15) $$\varDelta = g_2^3-27g_3^2$$

と置けば$\varDelta(\infty)=0$となり，$\varDelta$は重さ12の放物形式となることがわかる．

楕円曲線との関係 $\varGamma$を$\boldsymbol{C}$の格子とし

$$\wp_\Gamma(u) = \frac{1}{u^2} + \sum_{\gamma\in\Gamma}{}'\left(\frac{1}{(u-\gamma)^2} - \frac{1}{\gamma^2}\right) \tag{16}$$

を対応する Weierstrass 関数[1]とする．$\wp_\Gamma(u)$ は次のように Laurent 展開され，そこに $G_k(\Gamma)$ が現われる：

$$\wp_\Gamma(u) = \frac{1}{u^2} + \sum_{k=2}^{\infty}(2k-1)G_k(\Gamma)u^{2k-2}. \tag{17}$$

ここで $x=\wp_\Gamma(u)$，$y=\wp'_\Gamma(u)$ とおけば

$$y^2 = 4x^3 - g_2x - g_3 \tag{18}$$

が成り立つ．上と同じく $g_2=60G_2(\Gamma)$，$g_3=140G_3(\Gamma)$ である．定数の因子を除けば，$\Delta=g_2^3-27g_3^2$ は多項式 $4X^3-g_2X-g_3$ の判別式に他ならない．

式(18)によって定められる(射影的)3次曲線は楕円曲線 $\boldsymbol{C}/\Gamma$ と同形であること，特にこれは特異点を持たず，従って $\Delta\neq0$ であることが示される．

§3 保型形式の空間

3.1 保型関数の零点と極

f を H 上の有理形関数(f は恒等的に 0 ではないとする)，p を H の点としよう．$f/(z-p)^n$ が p において正則で 0 とは異なるとき整数 n を f の p **における位数**と呼び $v_p(f)$ と記す．

f が重さ $2k$ を持つ保型関数であるとき，等式

$$f(z) = (cz+d)^{-2k}f\left(\frac{az+b}{cz+d}\right)$$

から $g\in G$ ならば $v_p(f)=v_{g(p)}(f)$ となることがわかる．いい方を変えれば，$v_p(f)$ は p の H/G への像によって定まるのである．また，f によって定められ

1) たとえば H. Cartan, Théorie élémentaire des fonctions analytiques d'une ou plusieurs variables complexes, 第5章 §2 n° 5 を見よ．

る関数 $\tilde{f}(q)$ の $q=0$ における位数を f の ∞ における位数と呼び $v_\infty(f)$ と書くことにする (2.1参照).

また点 p に対し $I(p)=\{g\in G \mid gp=p\}$ とすれば, p が G を法として i に合同であるか ρ に合同であるかにしたがって $I(p)$ の位数は 2 または 3, またはそれ以外のときは $I(p)$ の位数は 1 になる (定理 1). $I(p)$ の位数を e_p と記す.

定理 3 f を重さ $2k$ を持つ保型関数で, 恒等的に 0 ではないものとすると, 次の等式が成り立つ:

$$v_\infty(f)+\sum_{p\in H/G}\frac{1}{e_p}v_p(f)=\frac{k}{6}. \tag{19}$$

(この公式は

$$v_\infty(f)+\frac{1}{2}v_i(f)+\frac{1}{3}v_\rho(f)+\sum_{p\in H/G}^{*}v_p(f)=\frac{k}{6} \tag{20}$$

というようにも書ける. ただし和 $\sum^*$ は i, ρ 以外の H/G の点にわたるものとする.) ——

まず, 上の定理に現われる和が意味を持つことについて注意しよう. すなわち, f が H/G において持つ零点と極の個数は有限なのである. 実際 $\tilde{f}$ は有理形なので, $r>0$ を適当にとれば $\tilde{f}$ が $0<|q|<r$ の領域で零点をも極をも持たないようにすることができる. $q=e^{2\pi iz}$, $|q|=e^{-2\pi y}$ $(z=x+iy)$ だから, このことは f が $\mathrm{Im}(z)>\frac{1}{2\pi}\log r^{-1}$ のときに零点をも極をも持たないことを意味する. ところが, $D_r=\left\{z\in D \mid \mathrm{Im}(z)\leqq\frac{1}{2\pi}\log r^{-1}\right\}$ はコンパクトであり f は H で有理形だから, f が D_r の中で持つ零点と極の個数は有限個に限る. こうして, 定理の和は有限和であることがわかった.

定理 3 を証明するために, $\dfrac{1}{2\pi i}\dfrac{df}{f}$ を D の境界に沿って積分する. より正確にいおう.

(1) まず f が D の境界において $i, \rho, -\bar{\rho}$ 以外の点では零にも ∞ にもならないとしよう. このとき図 2 のような積分路 C をとれば, f の零点および極で i

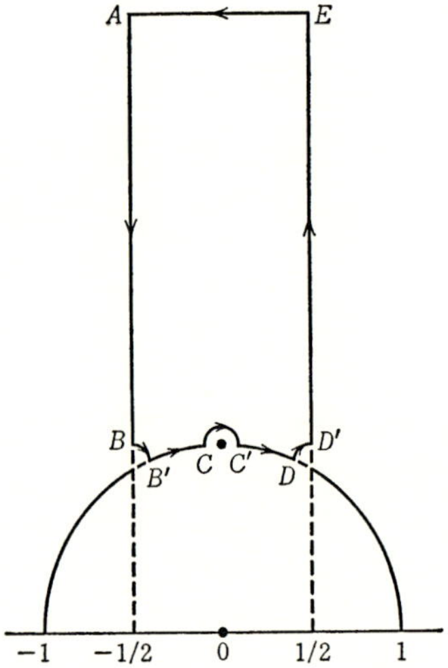

図 2

または ρ に合同なもの以外の全てのものは C の内部に含まれるようにできる．留数定理を用いれば，

$$\frac{1}{2\pi i}\int_C \frac{df}{f} = \sum_{p \in H/G}^{*} v_p(f).$$

一方，

(a) 変数 z を $q=e^{2\pi i z}$ に変換すると上の線分 EA は $q=0$ のまわりを負の方向にひとまわりする円周 ω に写され，しかもその内部には $q=0$ 以外の $\tilde{f}$ の零点もしくは極は含まれない．したがって，

$$\frac{1}{2\pi i}\int_E^A \frac{df}{f} = \frac{1}{2\pi i}\int_\omega \frac{d\tilde{f}}{\tilde{f}} = -v_\infty(f).$$

(b) 弧 BB' を含む円周に沿って負の方向に $\dfrac{1}{2\pi i}\dfrac{df}{f}$ を積分すれば，$-v_\rho(f)$ になる．この円周の半径を 0 に近づければ $\angle B\rho B'$ は $\dfrac{2\pi}{6}$ に近づく．このことからわかるように，弧 BB' に沿う積分は $-\dfrac{1}{6}v_\rho(f)$ に収束する．

同様に，弧 CC', DD' の半径が 0 に近づくとき

$$\frac{1}{2\pi i}\int_{C}^{C'}\frac{df}{f}\to -\frac{1}{2}v_i(f), \qquad \frac{1}{2\pi i}\int_{D}^{D'}\frac{df}{f}\to -\frac{1}{6}v_\rho(f).$$

(c) 変換 T によって AB を ED' に写す． $f(Tz)=f(z)$ だから

$$\frac{1}{2\pi i}\int_{A}^{B}\frac{df}{f}+\frac{1}{2\pi i}\int_{D'}^{E}\frac{df}{f}=0.$$

(d) 変換 S によって弧 $B'C$ は弧 DC' に写される．また $f(Sz)=z^{2k}f(z)$ だから

$$\frac{df(Sz)}{f(Sz)}=2k\frac{dz}{z}+\frac{df(z)}{f(z)},$$

ゆえに

$$\begin{aligned}\frac{1}{2\pi i}\int_{B'}^{C}\frac{df}{f}+\frac{1}{2\pi i}\int_{C'}^{D}\frac{df}{f}&=\frac{1}{2\pi i}\int_{B'}^{C}\left(\frac{df(z)}{f(z)}-\frac{df(Sz)}{f(Sz)}\right)\\&=\frac{1}{2\pi i}\int_{B'}^{C}\left(-2k\frac{dz}{z}\right)\to -2k\left(-\frac{1}{12}\right)=\frac{k}{6}.\end{aligned}$$

ただし収束は弧 BB', CC', DD' の半径が 0 に近づくときのことである．

$\frac{1}{2\pi i}\int_C\frac{df}{f}=\sum_p^* v_p(f)$ において，弧 BB', CC', DD' の半径を 0 に近づけ，上に得られた等式をつかえば求める式(20)が導かれる．

（2） f が半直線 $\left\{z \mid \mathrm{R}(z)=-\frac{1}{2},\ \mathrm{Im}(z)>\frac{\sqrt{3}}{2}\right\}$ の上で $z=\lambda$ を零点または極とする場合を考えよう．このときも，上と同様な証明を行なうのだが，積分路 C には λ および $T\lambda$ のまわりで図 3 にあるように少し手を加える．（$T\lambda$ のまわりの半円周は λ のまわりの半円周を T によって写したものである．）

f が D の境界上により多くの零点や極を持つ場合にも同様である．

注意 上の証明は少しばかり“苦しい”ものだが，H/G をコンパクト化し，それに複素解析構造を入れて置けば，避けることができる(たとえば Seminar on Complex Multiplication, Lecture Notes in Math., n° 21, exposé II を参照).

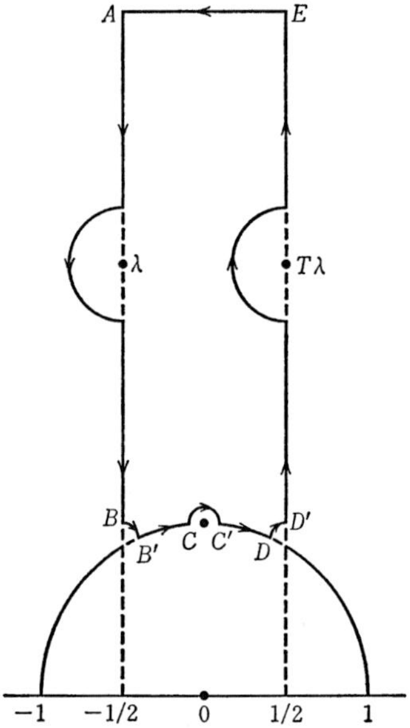

図 3

3.2 保型形式の代数

k を整数とする．M_k (または M_k^0) を重さ $2k$ の保型形式(または重さ $2k$ の放物形式)の作る $\boldsymbol{C}$ 上のベクトル空間とする (2.1 定義 4 参照)．M_k から $\boldsymbol{C}$ への 4 次形式 $f \longmapsto f(\infty)$ の核が M_k^0 に等しいことに注意すれば，$\dim M_k/M_k^0 \leqq 1$ となることがわかる．また $k \geqq 2$ のとき Eisenstein 級数 G_k は M_k に含まれ，$G_k(\infty) \neq 0$ となる (2.3 命題 4)．ゆえに

$$M_k = M_k^0 \oplus \boldsymbol{C}G_k \qquad (k \geqq 2).$$

さらに，$\Delta = g_2^3 - 27g_3^2$ ($g_2 = 60G_2$, $g_3 = 140G_3$) は M_6^0 の元であった．

定理 4 （i） $k<0$ または $k=1$ のとき $M_k=0$.

(ii) $k=0, 2, 3, 4, 5$ のとき，$\dim M_k=1$ で $1, G_2, G_3, G_4, G_5$ がそれぞれ基底としてとれる；このとき $M_k^0=0$.

(iii) $M_{k-6} \ni f \longmapsto \varDelta f \in M_k$ は同形である. ——

f を 0 とは異なる M_k の元とする. このとき等式

$$v_\infty(f)+\frac{1}{2}v_i(f)+\frac{1}{3}v_\rho(f)+\sum_{p\in H/G}^{*} v_p(f) = \frac{k}{6} \tag{20}$$

の左辺の各項は $\geqq 0$ であるから $k\geqq 0$. また負ではない整数 n, n', n'' をとるとき $n+n'/2+n''/3$ は 1/6 にはなり得ないから $k \neq 1$ である. こうして (i) が示された.

特に $f=G_2$, $k=2$ として (20) を計算しよう. $n+n'/2+n''/3=2/6$, $n, n', n'' \geqq 0$ は $n=n'=0$, $n''=1$ のとき, またそのときに限って成り立つから $v_\rho(G_2)=1$, $v_p(G_2)=0$ ($p \not\equiv \rho \pmod G$) がわかる. 同様の考察を $f=G_3$, $k=3$ について行なうと $v_i(G_3)=1$, $v_p(G_3)=0$ ($p \not\equiv i \pmod G$) が導かれる. これらから $\varDelta(i) \neq 0$, したがって $\varDelta$ が恒等的に 0 にはならないことが知られる. $\varDelta$ の重さは $12=2\times 6$ で $v_\infty(\varDelta)\geqq 1$ だから式 (20) により $v_\infty(\varDelta)=1$, $v_p(\varDelta)=0$ ($p \not\equiv \infty \pmod G$) である. これは, $\varDelta$ が H 上では 0 にならないこと, ∞ を 1 位の零点とすることを意味する. もし $f\in M_k^0$ ならば $g=f/\varDelta$ と置けば g は明らかに重さ $2(k-6)$ を持つ. さらに

$$v_p(g) = v_p(f)-v_p(\varDelta) = \begin{cases} v_p(f), & p \not\equiv \infty \\ v_p(f)-1, & p \equiv \infty \end{cases}$$

よりすべての p に対して $v_p(g)\geqq 0$ となること, すなわち $g\in M_{k-6}$ となることがわかる. こうして (iii) が示された.

今 $k\leqq 5$ とすれば $k-6<0$ ゆえに (i), (iii) より $M_k^0=0$, したがって $\dim M_k \leqq 1$ である. $1, G_2, G_3, G_4, G_5$ はそれぞれ M_0, M_2, M_3, M_4, M_5 の 0 とは異なる元だから, $k=0, 2, 3, 4, 5$ のとき $\dim M_k=1$ である. こうして (ii) が示された.

系 1 次の式が成り立つ:

$$\dim M_k = \begin{cases} [k/6], & k \equiv 1 \pmod 6,\ k \geqq 0 \\ [k/6]+1, & k \not\equiv 1 \pmod 6,\ k \geqq 0. \end{cases} \tag{21}$$

($[x]$ は x の**整数部分**すなわち $n\leqq x$ となる整数 n の中で最大のものを意味する.) ——

(21) は $0\leqq k<6$ のとき定理の (i), (ii) から導かれる. また $k\geqq 0$ のとき $\dim M_{k+6}=\dim M_k+1$ ((iii)) だから, (21) が成り立つ.

系 2 M_k の基底として $\{G_2^\alpha G_3^\beta | \alpha, \beta\in \boldsymbol{Z}, \alpha, \beta\geqq 0, 2\alpha+3\beta=k\}$ がとれる. ——

まず上の集合が M_k を生成することを示そう. (i), (ii) より $k\leqq 3$ ならば確かにそうである. $k\geqq 4$ とし, 負ではない整数の組 (γ, δ) を $2\gamma+3\delta=k$ を満たすようにとろう ($k\geqq 2$ のときそれはつねに可能である). 保型形式 $g=G_2^\gamma G_3^\delta$ の値は ∞ で零ではない. 今 $f\in M_k$ とすれば, 適当な $\boldsymbol{C}$ の元 λ を選んで $f-\lambda g$ が放物的であるようにすることができる. ゆえに (iii) を用いれば $f-\lambda g=\Delta h$ を満たすような $h\in M_{k-6}$ がある. ここで k についての帰納法をつかえば, f が $G_2^\alpha G_3^\beta$ という形の関数の1次結合として書けることがわかる.

$G_2^\alpha G_3^\beta$ たちが線型独立であることを示せば証明が完了する. もし, $G_2^\alpha G_3^\beta$ たちが線型従属ならば

$$\begin{aligned} G_2^\alpha G_3^\beta\cdot(G_2/G_3)^k &= G_2^{3(\alpha+\beta)}/G_3^{2(\alpha+\beta)} \\ &= (G_2^3/G_3^2)^{\alpha+\beta} \end{aligned}$$

だから G_2^3/G_3^2 は自明ではない代数方程式を満たし, したがって定数となるが, $G_2(\rho)=0$, $G_3(\rho)\neq 0$ だから $G_2^3/G_3^2=0$, ところが G_2^3/G_3^2 は ∞ で零ではないからこれは矛盾.

注意 $M=\sum_{-\infty}^{\infty} M_k$ を M_k の直和からなる次数つき代数 (graded algebra) とし, 準同形 $\varepsilon: \boldsymbol{C}[X, Y]\to M$ を $\varepsilon(X)=G_2$, $\varepsilon(Y)=G_3$ によって定められるものとしよう. 上の系2によって ε は同形である. したがって M は多項式環 $\boldsymbol{C}[G_2, G_3]$ と同一視される.

3.3 モジュラー不変量

次の関数を**モジュラー不変量**と呼ぶ:

(22)　$$j = 1728g_2^3/\Delta.$$

命題 5　(a)　j は重さ 0 の保型関数である．

(b)　j は H において正則で ∞ を 1 位の極とする．

(c)　j は H/G から $\boldsymbol{C}$ への全単射を定める．——

(a) は g_2^3, Δ がともに重さ 12 を持つことからわかる．(b) は，Δ が H において $\neq 0$ であり ∞ を 1 位の零とすることから，また g_2 が ∞ で $\neq 0$ となることからわかる．(c) を示すためには，$\lambda \in \boldsymbol{C}$ に対して $f_\lambda = 1728g_2^3 - \lambda\Delta$ が G を法としてただ 1 個の零点を持つことをいおう．そのために式 (20) において $f = f_\lambda$, $k = 6$ とおいて見る．$k/6 = 1 = n + n'/2 + n''/3\,(n, n', n'' \geqq 0)$ の解としては

$$(n, n', n'') = (1, 0, 0),\ (0, 2, 0)\quad \text{または}\quad (0, 0, 3)$$

の三者のみが可能である．これは，f_λ が H/G においてただ 1 点を零点とすることを意味している．

命題 6　f を H で有理形の関数とすると，次の 3 条件は互いに同値である：

(i)　f は重さ 0 の保型関数である；

(ii)　f は同じ重さを持つ二つの保型形式の比である；

(iii)　f は j の有理関数である．——

(iii)⇒(ii)⇒(i) が成り立つことは明らかである．(i)⇒(iii) が成り立つことを示そう．f を重さ 0 の保型関数とする．f が H の元 z を極として持つとき，$j(z) = \lambda$ とすれば $(j - \lambda)(z) = 0$ となる．このことから，j の適当な多項式 $P(j)$ をとれば，$P(j)f$ は H で正則になることがわかる．したがって，今 f 自身が H で正則であるとしても差しつかえない．また Δ は ∞ を零点として持つから，適当な整数 $n \geqq 0$ をとれば $g = \Delta^n f$ は ∞ で正則になる．g はこのとき重さ $12n$ の保型形式となり，定理 4 系 2 により $G_2^\alpha G_3^\beta\,(2\alpha + 3\beta = 6n)$ という形の関数の 1 次結合として表わされる．ゆえに，$g = G_2^\alpha G_3^\beta$, すなわち $f = G_2^\alpha G_3^\beta/\Delta^n$ の場合に (iii) が成り立つことをいえばよい．ところが

$$2\alpha + 3\beta = 6n \Rightarrow 2\alpha \equiv 0 \pmod 3 \Rightarrow \alpha \equiv 0 \pmod 3$$

$$2\alpha+3\beta=6n \Rightarrow \beta \equiv 0 \pmod 2$$

だから $p=\alpha/3$, $q=\beta/2$ はともに整数である．ここで，$f=G_2^{3p}G_3^{2q}/\Delta^{p+q}$; G_2^3/Δ, G_3^2/Δ はともに j の有理関数だから (iii) が示された．

注意 （1） 既に述べたように，H/G のコンパクト化 $\widehat{H/G}$ に自然な仕方で複素解析多様体の構造を導入することができる．命題5は j によって $\widehat{H/G}$ から Riemann 球面 $\boldsymbol{S}_2=\boldsymbol{C}\cup\{\infty\}$ の上への同形が与えられることを意味し，命題6は $\boldsymbol{S}_2$ 上の有理形関数は有理関数に限るという，良く知られた結果に帰着される．

（2） 係数 $1728=2^6 3^3$ は j が ∞ で持つ留数が1になるように定められた．より正確には，§4で述べる級数展開に関することによって次のことがいえる：

$$j(z)=\frac{1}{q}+744+\sum_{n=1}^{\infty}c(n)q^n, \qquad z\in H,\ q=e^{2\pi iz}. \tag{23}$$

ここで，

$$c(0)=2^3\cdot3\cdot31=744, \qquad c(1)=2^2\cdot3^3\cdot1823=196884,$$
$$c(2)=2^{11}\cdot5\cdot2099=21493760.$$

$c(n)$ はみな整数で，次に示すように著しい性質を持つ[1)]：

$$n\equiv0 \pmod{2^a}\Rightarrow c(n)\equiv0 \pmod{2^{3a+8}}$$
$$n\equiv0 \pmod{3^a}\Rightarrow c(n)\equiv0 \pmod{3^{2a+3}}$$
$$n\equiv0 \pmod{5^a}\Rightarrow c(n)\equiv0 \pmod{5^{a+1}}$$
$$n\equiv0 \pmod{7^a}\Rightarrow c(n)\equiv0 \pmod{7^{a}}$$
$$n\equiv0 \pmod{11^a}\Rightarrow c(n)\equiv0 \pmod{11^{a}}.$$

1) A. O. L. Atkin, J. N. O'Brien, Trans. Amer. Math. Soc., 126, 1967 および Computers in Mathematical Research (North Holland, 1968) にある Atkin の論文を参照されたい．

§4　無限遠点における級数展開

4.1　Bernoulli 数 B_k

次の級数展開に現われる数 B_k を **Bernoulli 数**[1]と呼ぶ：

$$\frac{x}{e^x-1}=1-\frac{x}{2}+\sum_{k=1}^{\infty}(-1)^{k+1}B_k\frac{x^{2k}}{(2k)!}. \tag{24}$$

いくつかの B_k の値を示そう：

$$B_1=\frac{1}{6},\quad B_2=\frac{1}{30},\quad B_3=\frac{1}{42},\quad B_4=\frac{1}{30},\quad B_5=\frac{5}{66},$$

$B_6=\dfrac{691}{2730}$ (691 は素数),　$B_7=\dfrac{7}{6}$,　$B_8=\dfrac{3617}{510}$ (3617 は素数),

$B_9=\dfrac{43867}{798}$ (43867 は素数),　$B_{10}=\dfrac{174611}{330}$ $(174611=283\cdot 617)$,

$B_{11}=\dfrac{854513}{138}$ $(854513=11\cdot 131\cdot 593)$,

$B_{12}=\dfrac{236364091}{2730}$ $(236364091=103\cdot 2294797)$,

$B_{13}=\dfrac{8553103}{6}$ $(8553103=13\cdot 657931)$,

$B_{14}=\dfrac{23749461029}{870}$ $(23749461029=7\cdot 9349\cdot 362903)$.

B_k を用いて Riemann ゼータ関数の負ではない偶整数(および負の奇整数)における値が計算される：

命題 7　整数 $k\geqq 1$ に対して次の等式が成り立つ：

1)　$x/(e^x-1)=\sum_{k=0}^{\infty}b_k x^k/k!$ に現われる b_k を Bernoulli 数とする書物もある．$b_0=1$, $b_1=-1/2$, $b_{2k+1}=0$, $b_{2k}=(-1)^{k-1}B_k$ $(k\geqq 1)$ である．合同関係，Leopoldt 流の一般化などに関しては B_k よりも b_k の方が用いやすい．

(25) $$\zeta(2k)=\frac{2^{2k-1}}{(2k)!}B_k\pi^{2k}.$$ ——

実際，cot z の定義より

(26) $$z\cot z=\frac{z(e^{iz}+e^{-iz})2^{-1}}{(e^{iz}-e^{-iz})(2i)^{-1}}=iz\left(1+\frac{2}{(e^{2iz}-1)}\right)$$
$$=iz+\frac{2iz}{e^{2iz}-1}=1-\sum_{k=1}^{\infty}B_k\frac{2^{2k}z^{2k}}{(2k)!}.$$

また $(\log\sin z)'=\cot z$ だから

(27) $$\sin z=z\prod_{n=1}^{\infty}\left(1-\frac{z^2}{n^2\pi^2}\right)$$

の log を微分して z を掛ければ

(28) $$z\cot z=1+2\sum_{n=1}^{\infty}\frac{z^2}{z^2-n^2\pi^2}$$
$$=1-2\sum_{n=1}^{\infty}\sum_{k=1}^{\infty}\frac{z^{2k}}{n^{2k}\pi^{2k}}.$$

(26), (28) において z^{2k} の係数を比較すると (25) が得られる．

例 $\zeta(2)=\frac{\pi^2}{2\cdot 3}$, $\zeta(4)=\frac{\pi^4}{2\cdot 3^2\cdot 5}$, $\zeta(6)=\frac{\pi^6}{3^3\cdot 5\cdot 7}$, $\zeta(8)=\frac{\pi^8}{2\cdot 3^3\cdot 5^2\cdot 7}$,

$\zeta(10)=\frac{\pi^{10}}{3^5\cdot 5\cdot 7\cdot 11}$, $\zeta(12)=\frac{691\pi^{12}}{3^6\cdot 5^3\cdot 7^2\cdot 11\cdot 13}$, $\zeta(14)=\frac{2\pi^{14}}{3^6\cdot 5^2\cdot 7\cdot 11\cdot 13}$.

4.2 G_k の級数展開

Eisenstein 級数 $G_k(z)$ の $q=e^{2\pi iz}$ に関する Taylor 展開を与えよう．

(28) から直ちにわかるように

(29) $$\pi\cot\pi z=\frac{1}{z}+\sum_{n=1}^{\infty}\left(\frac{1}{z+n}+\frac{1}{z-n}\right).$$

一方,

$$\pi\cot\pi z=\pi\frac{\cos\pi z}{\sin\pi z}=\pi i\frac{q+1}{q-1} \tag{30}$$

$$=\pi i-\frac{2\pi i}{1-q}=\pi i-2\pi i\sum_{n=0}^{\infty}q^n$$

だから

$$\frac{1}{z}+\sum_{n=1}^{\infty}\left(\frac{1}{z+n}+\frac{1}{z-n}\right)=\pi i-2\pi i\sum_{n=0}^{\infty}q^n. \tag{31}$$

上式の両辺を連続的に微分すると次の式が得られる：

$$\sum_{n\in\boldsymbol{Z}}\frac{1}{(n+z)^k}=\frac{1}{(k-1)!}(-2\pi i)^k\sum_{n=1}^{\infty}n^{k-1}q^n \qquad (k\geqq 2). \tag{32}$$

自然数 n を与えたとき n の約数 $d\,(>0)$ の k べき全体の和 $\sum_{d\mid n}d^k$ を $\sigma_k(n)$ と表わそう.

命題 8　整数 $k\geqq 2$ に対して次の式が成り立つ：

$$G_k(z)=2\zeta(2k)+2\frac{(2\pi i)^{2k}}{(2k-1)!}\sum_{n=1}^{\infty}\sigma_{2k-1}(n)q^n. \tag{33}$$

——

実際(32)により次のような級数展開ができる：

$$G_k(z)=\sum_{(n,m)\neq(0,0)}\frac{1}{(nz+m)^{2k}}$$

$$=2\zeta(2k)+2\sum_{n=1}^{\infty}\sum_{m\in\boldsymbol{Z}}\frac{1}{(nz+m)^{2k}}$$

$$=2\zeta(2k)+\frac{2(-2\pi i)^{2k}}{(2k-1)!}\sum_{n=1}^{\infty}\sum_{m=1}^{\infty}m^{2k-1}q^{mn}$$

$$=2\zeta(2k)+\frac{2(2\pi i)^{2k}}{(2k-1)!}\sum_{n=1}^{\infty}\sigma_{2k-1}(n)q^n.$$

系　$G_k(z)=2\zeta(2k)E_k(z)$.　ただし

$$E_k(z) = 1+\gamma_k \sum_{n=1}^{\infty} \sigma_{2k-1}(n) q^n, \tag{34}$$

$$\gamma_k = (-1)^k \frac{4k}{B_k}. \tag{35}$$

—

$E_k(z)=G_k(z)/2\zeta(2k)$ である．γ_k は命題7から求められる：

$$\gamma_k = \frac{(2\pi i)^{2k}}{(2k-1)!}\frac{1}{\zeta(2k)} = \frac{(2\pi)^{2k}(-1)^k}{(2k-1)!}\frac{(2k)!}{2^{2k-1}B_k\pi^{2k}} = (-1)^k\frac{4k}{B_k}.$$

例 $E_2(z) = 1+240\sum_{n=1}^{\infty}\sigma_3(n)q^n,\qquad g_2 = (2\pi)^4\frac{1}{2^2\cdot 3}E_2,\qquad 240 = 2^4\cdot 3\cdot 5$

$E_3(z) = 1-504\sum_{n=1}^{\infty}\sigma_5(n)q^n,\qquad g_3 = (2\pi)^6\frac{1}{2^3\cdot 3^3}E_3,\qquad 504 = 2^3\cdot 3^2\cdot 7$

$E_4(z) = 1+480\sum_{n=1}^{\infty}\sigma_7(n)q^n,\qquad 480 = 2^5\cdot 3\cdot 5$

$E_5(z) = 1-264\sum_{n=1}^{\infty}\sigma_9(n)q^n,\qquad 264 = 2^3\cdot 3\cdot 11$

$E_6(z) = 1+\frac{65520}{691}\sum_{n=1}^{\infty}\sigma_{11}(n)q^n,\qquad 65520 = 2^4\cdot 3^2\cdot 5\cdot 7\cdot 13$

$E_7(z) = 1-24\sum_{n=1}^{\infty}\sigma_{13}(n)q^n.$

注意 3.2で見たように，重さ8(または10)の保型形式の空間の次元は1であった．これからわかるように

$$E_2^2 = E_4, \qquad E_2E_3 = E_5. \tag{36}$$

さらにこのことから次の等式が導かれる：

$$\sigma_7(n) = \sigma_3(n)+120\sum_{m=1}^{n-1}\sigma_3(m)\sigma_3(n-m).$$

$$11\sigma_9(n) = -10\sigma_3(n)+21\sigma_5(n)+5040\sum_{m=1}^{n-1}\sigma_3(n)\sigma_5(n-m).$$

より一般に，各 E_k は E_2, E_3 の多項式として表わされる．

4.3 保型形式の係数の位数

重さ $2k\,(k\geqq 2)$ の保型形式

(37) $$f(z)=\sum_{n=0}^{\infty}a_nq^n \qquad (q=e^{2\pi iz})$$

の係数 a_n が，$n\to\infty$ のときにどのような動きをするかについて見よう．

命題 9 $f=G_k$ のとき $a_n\sim n^{2k-1}$；より正確には，定数 $A,B>0$ が存在して

(38) $$An^{2k-1}\leqq |a_n|\leqq Bn^{2k-1} \qquad (n\geqq 1)$$

が成り立つ．——

命題8より，$n\geqq 1$ のとき正定数 A があり $a_n=(-1)^kA\sigma_{2k-1}(n)$ となる．よって $|a_n|=A\sigma_{2k-1}(n)\geqq An^{2k-1}$.

一方

$$\frac{|a_n|}{n^{2k-1}}=A\sum_{d|n}\frac{1}{d^{2k-1}}\leqq A\sum_{d=1}^{\infty}\frac{1}{d^{2k-1}}=A\zeta(2k-1)<\infty.$$

定理 5 (Hecke) もしも f が放物形式ならば

(39) $$a_n=O(n^k).$$

(すなわち $|a_n|/n^k$ は $n\to\infty$ のとき有界である．) ——

f は放物形式だから $a_0=0$ で，$f(z)=q\sum_{n=1}^{\infty}a_nq^{n-1}$. ゆえに

(40) $$|f(z)|=O(q)=O(e^{-2\pi y}) \qquad (z=x+iy)\,(q\to 0).$$

$\varphi(z)=|f(z)|y^k$ と置こう．$g\in G$ のとき

$$\begin{aligned}\varphi(gz)&=|cz+d|^{2k}|f(z)|\cdot\mathrm{Im}(gz)^k\\&=|cz+d|^{2k}|f(z)|\cdot\mathrm{Im}(z)\cdot|cz+d|^{-2k}\\&=\varphi(z).\end{aligned}$$

また，φ は基本領域 D 上で連続であり，(40) により $y\to\infty$ のとき $\varphi\to 0$ である．したがって φ は有界であり，適当な正定数 M をとれば

(41) $$|f(z)|\leqq My^{-k} \qquad (z\in H).$$

ここで y を固定し，x を $0,1$ の間で動かそう．このとき $q=e^{2\pi i(x+iy)}$ は 0 を

中心とする円 C_y を描く．留数公式より ($dq=2\pi iqdx$ に注意して)

$$a_n=\frac{1}{2\pi i}\int_{C_y}f(z)q^{-n-1}dq=\int_0^1 f(x+iy)q^{-n}dx.$$

(この公式は，周期関数の Fourier 係数を与える式からも得られる．)

したがって，(41) より，$|a_n|\leqq My^{-k}e^{2\pi ny}$.

この不等式は全ての $y>0$ について成り立つ．特に $y=1/n$ と置けば $|a_n|\leqq e^{2\pi}Mn^k$ となり定理が示される．

系 $k\geqq 2$ のとき，f が放物形式ではない保型形式ならば $a_n\sim n^{2k-1}$. ——

実際，$f=\lambda G_k+h$ ($\lambda\neq 0$, h：放物形式) のように表わせるから，n^k が n^{2k-1} に比べて“無視出来る”ことを考えれば，系は命題9および定理5から得られる．

注意 定理5の k は Deligne の結果によって改良される (5.6.3 を参照)．それによれば

$$a_n=O(n^{k-1/2}\sigma_0(n)) \qquad (\text{ただし}\ \sigma_0(n)\ \text{は}\ n\ \text{の約数の個数}).$$

またこれから

$$a_n=O(n^{k-1/2+\varepsilon}) \qquad (\varepsilon\ \text{は任意の正数})$$

も得られる．

4.4 Δ の級数展開

前に述べたように

(42)
$$\Delta=g_2^3-27g_3^2=(2\pi)^{12}2^{-6}3^{-3}(E_2^3-E_3^2)$$
$$=(2\pi)^{12}(q-24q^2+252q^3-1472q^4+\cdots).$$

定理 6 (Jacobi)
$$\Delta=(2\pi)^{12}q\prod_{n=1}^{\infty}(1-q^n)^{24}.$$
——

[この公式は楕円関数の理論から自然に導かれる．ここでは，より短い証明を与えよう．この証明は“初等的”ではあるが，いくらか天下りの論法が用いられる．より詳しいことについては A. Hurwitz, Math. Werke, I 巻，p. 577-

595を参照されたい.]

(43)
$$F(z)=q\prod_{n=1}^{\infty}(1-q^n)^{24}$$

と置く. F が $\varDelta$ の定数倍であることを示すためには, F が重さ12の保型形式となることをいえばよい. 実際, F を q の級数に展開したとき定数項は0であるから, 上のことがいえれば F は放物形式となることがわかる. ところが, 定理4で見たように重さ12の放物形式の空間 M_6^0 は1次元であり, $F, \varDelta$ はともに M_6^0 に含まれるから, F は $\varDelta$ の定数倍になる. さて, 2.1命題1により, 上のことを示すためには,

(44)
$$F(-z^{-1})=z^{12}F(z)$$

を示せばよい. そのため次のような二重級数を用いる:

$$G_1(z)=\sum_n\sum_m{}'\frac{1}{(m+nz)^2},\qquad G(z)=\sum_m\sum_n{}'\frac{1}{(m+nz)^2},$$

$$H_1(z)=\sum_n\sum_m{}''\frac{1}{(m-1+nz)(m+nz)},\qquad H(z)=\sum_m\sum_n{}''\frac{1}{(m-1+nz)(m+nz)}.$$

ただし $\sum'$ は $(0,0)$ を除く和, $\sum''$ は $(0,0)$ および $(1,0)$ を除く和である. (和の順序に注意!)

H_1, H は次の式を用いて容易に計算される:

$$\frac{1}{(m-1+nz)(m+nz)}=\frac{1}{m-1+nz}-\frac{1}{m+nz}.$$

まず $H_1(z)=2$ が得られる. H に関して, $(m-1+nz)(m+nz)=O(n^2)$ だから $\sum_n{}''1/(m-1+nz)(m+nz)$ が収束することがまずわかる. ここで, $S_m=\sum_n{}'1/(m+nz)$ と置くと,

$$m\neq 0\quad のとき\quad S_m=\sum_{n=1}^{\infty}\left(\frac{1}{m+nz}+\frac{1}{m-nz}\right)+\frac{1}{m}=-S_{-m}.$$

また4.2(31)より

$$S_m=\frac{\pi i}{z}-\frac{2\pi i}{z}(1-e^{2\pi im/z})^{-1}.$$

さて,

$$\begin{aligned}H(z)&=\sum_{n\neq 0}\left(\frac{1}{-1+nz}-\frac{1}{nz}\right)+\sum_{n\neq 0}\left(\frac{1}{nz}-\frac{1}{1+nz}\right)+\sum_{m\neq 0,1}(S_{m-1}-S_m)\\&=-2\sum_{n=1}^{\infty}\left(\frac{1}{1-nz}+\frac{1}{1+nz}\right)+2\lim_{m\to\infty}(S_1-S_m)\\&=2-2\lim S_m=2+2\lim_{m\to\infty}S_{-m}\end{aligned}$$

だが,

$$\lim_{m\to\infty}e^{-2\pi im/z}=0,\qquad \lim_{m\to\infty}S_{-m}=-\frac{\pi i}{z}$$

ゆえに $H(z)=2-\dfrac{2\pi i}{z}$ となる.

さて,

$$\frac{1}{(m-1+nz)(m+nz)}-\frac{1}{(m+nz)^2}=\frac{1}{(m+nz)^2(m-1+nz)}$$

を一般項とする二重級数は絶対収束するから $G_1(z)-H_1(z)=G(z)-H(z)$, したがって $G(z), G_1(z)$ はそれぞれ(上に示された和の順序にしたがって)収束し,また

$$G_1(z)-G(z)=H_1(z)-H(z)=\frac{2\pi i}{z}$$

となることがわかる.また定義より明らかに $G_1(-z^{-1})=z^2G(z)$. したがって,

(45) $$G_1(-z^{-1})=z^2G_1(z)-2\pi iz.$$

ところで,命題8の証明と同様に

(46) $$G_1(z)=2\zeta(2)-8\pi^2\sum_{n=1}^{\infty}\sigma_1(n)q^n\qquad\left(\zeta(2)=\frac{\pi^2}{6}\right).$$

ここで(43)によって与えられた関数 F に戻ろう. $\log F$ の微分を考えると

(47) $$\frac{dF}{F}=\frac{dq}{q}\left(1-24\sum_{n,m=1}^{\infty}nq^{nm}\right)=\frac{dq}{q}\left(1-24\sum_{n=1}^{\infty}\sigma_1(n)q^n\right).$$

これを(46)と比較して，$\left(dq=2\pi iqdz,\ \ 2\zeta(2)=\dfrac{\pi^2}{3}\text{ より}\right)$

(48) $$\frac{dF}{F}=\frac{6i}{\pi}G_1(z)dz.$$

ここで(45)と(48)より次の結果を得る：

(49) $$\frac{dF(-z^{-1})}{F(-z^{-1})}=\frac{6i}{\pi}G_1(-z^{-1})\frac{dz}{z^2}=\frac{6i}{\pi}\frac{dz}{z^2}(z^2G_1(z)-2\pi iz)$$
$$=\frac{dF(z)}{F(z)}+12\frac{dz}{z}.$$

こうして$(\log F(-z^{-1}))'=(\log z^{12}F(z))'$，ゆえに適当な定数$k$があって，$F(-z^{-1})=kz^{12}F(z)\ (z\in H)$．特に$z=i$と置けば$z^{12}=1$，$-z^{-1}=z$，$F(i)\neq 0$だから$k=1$，すなわち(44)が成り立ち，$F$が重さ12の保型形式であることがわかった．ゆえに$F$は$\Delta$の定数倍，$q$の係数を考えることによって定理が得られる．

注意 等式(44)の“初等的”証明として，上とは別のものがC. L. Siegel, Gesamm. Abh., III, n° 62に見られる．Seminar on Complex Multiplication, VI, §6をも参照されたい．

4.5 Ramanujan関数

放物形式$F(z)=(2\pi)^{-12}\Delta(z)$の展開：

(50) $$\sum_{n=1}^{\infty}\tau(n)q^n=q\prod_{n=1}^{\infty}(1-q^n)^{24}$$

によって定まる関数$n\longmapsto\tau(n)$を**Ramanujan関数**という．

数値表[1)]

$\tau(1)=1$,　$\tau(2)=-24$,　$\tau(3)=252$,　$\tau(4)=-1472$,　$\tau(5)=4830$,

$\tau(6)=-6048$,　$\tau(7)=-16744$,　$\tau(8)=84480$,　$\tau(9)=-113643$,

$\tau(10)=-115920,\qquad \tau(11)=534612,\qquad \tau(12)=-370944.$

$\tau(n)$の性質

Δの重さは12だから4.3定理5より

(51) $$\tau(n)=O(n^6).$$

(実は，Deligneの結果を用いれば，さらに

$$\tau(n)=O(n^{11/2}\sigma_0(n)).)$$

また5.5で見るように

(52) $$(n,m)=1 \quad のとき \quad \tau(nm)=\tau(n)\tau(m).$$

素数p，自然数$n\geqq 1$に対して

(53) $$\tau(p^{n+1})=\tau(p)\tau(p^n)-p^{11}\tau(p^{n-1}).$$

5.4で見るように，(52), (53)はDirichlet級数$L_\tau(s)=\sum_{n=1}^{\infty}\tau(n)/n^s$がEuler積:

(54) $$L_\tau(s)=\prod_{p\in P}\frac{1}{1-\tau(p)p^{-s}+p^{11-2s}}$$

を持つという事実と同値である．

Heckeによれば(5.4参照) L_τは全複素平面で定義された整関数に解析接続され，また

$$(2\pi)^{-s}\Gamma(s)L_\tau(s)$$

は変換$s\longmapsto 12-s$に関して不変である．

$\tau(n)$は$2^{12}, 3^6, 5^3, 7, 23, 691$を法とする，さまざまの合同関係を満たす．たとえば(証明は省くが)次の式が成り立つ：

(55) $$\tau(n)\equiv n^2\sigma_7(n) \pmod{3^3}$$

(56) $$\tau(n)\equiv n\sigma_3(n) \pmod{7}$$

(57) $$\tau(n)\equiv \sigma_{11}(n) \pmod{691}.$$

---

1) この表はD. H. Lehmer, Ramanujan's function $\tau(n)$, Duke Math. J., 10, 1943からその一部を引いたものである．Lehmerの表には$n\leqq 300$のときの$\tau(n)$の値が載せられている．

他の例にも興味を持たれる方，またこれらの式が"l進表現"の用語を用いてどう解釈されるかについて知りたい方は Sém. Delange-Pisot-Poitou 1967/68, exp. 14，それに Sém. Bourbaki 1968/69, exp. 355 を参照されたい.

また D. H. Lehmer によって問題にされたことだが，全ての n について $\tau(n)\neq 0$ となるかという疑問は今もって未解決である.

§5 Hecke 作用素

5.1 $T(n)$の定義

集合の上の対応 E を集合，X_E は，E によって生成される自由加群とする. X_E からそれ自身への準同形 T を E 上の（整数係数の）**対応**と呼ぶ. T は E の各元 x における値：

$$T(x)=\sum_{y\in E} n_y(x)y, \qquad n_y(x)\in \boldsymbol{Z} \tag{58}$$

によって定まる（上で $n_y(x)$ は有限個の y を除き 0）.

E を定義域とする数値関数 F が与えられたとしよう. X_E の元 $\sum a_x x$ に対して $F(\sum a_x x)=\sum a_x F(x)$ と置くことによって F は X_E を定義域とする関数（それをまた F と書く）に拡張される. ここで，$F\circ T$ の E への制限を F の T による変換と呼び TF と記す. (58) の記法を使えば，

$$TF(x)=F(T(x))=\sum_{y\in E} n_y(x)F(y). \tag{59}$$

$T(n)$ について C の格子全体の集合を $\mathcal{R}$ と書こう (2.2 参照). $n\geqq 1$ を自然数とする. $\mathcal{R}$ の上の対応 $T(n)$ を

$$T(n)\Gamma=\sum_{(\Gamma:\Gamma')=n} \Gamma', \qquad \Gamma\in\mathcal{R} \tag{60}$$

によって定めることができる. ここで $(\Gamma:\Gamma')=n$ ならば $\Gamma\supset\Gamma'\supset n\Gamma$ であり，

$(\Gamma:\Gamma')=n$ を満たす $\Gamma'\in\mathfrak{R}$ の個数は，$\Gamma/n\Gamma=(\mathbf{Z}/n\mathbf{Z})^2$ の位数 n の部分群の個数と等しいから有限である（特に $n=p$ が素数ならば，その個数は $\boldsymbol{F}_p^2$ に含まれる射影直線の個数，すなわち $p+1$ である）．$T(n)$ を **Hecke 作用素**と呼ぶ．

$\mathfrak{R}$ の上の対応として，この他に相似作用素 $R_\lambda(\lambda\in\boldsymbol{C}^*)$ を，次のように定める：

(61) $$R_\lambda\Gamma=\lambda\Gamma,\qquad \Gamma\in\mathfrak{R}.$$

公式　$T(n)$, R_λ は加群 $X_{\mathfrak{R}}$ の自己準同形だからそれらの合成を作ることができる．

命題 10　$n,\ m\geqq 1$ を自然数，$\lambda,\mu\in\boldsymbol{C}^*$ とするとき，次の等式が成り立つ：

(62) $$R_\lambda R_\mu=R_{\lambda\mu}.$$

(63) $$R_\lambda T(n)=T(n)R_\lambda.$$

(64) $$(m,n)=1\quad のとき\quad T(m)T(n)=T(mn).$$

(65) $$p を素数とすると\quad T(p^n)T(p)=T(p^{n+1})+pT(p^{n-1})R_p.$$ ——

(62), (63) は自明である．

(64) を示すためには，$(\Gamma:\Gamma'')=mn$ を満たす格子 Γ'' が与えられたとき，$(\Gamma:\Gamma')=n$ かつ $(\Gamma':\Gamma'')=m$ を満たすような Γ' が一つ，しかもただ一つ存在することを示せばよい．Γ/Γ'' は位数 mn の加群だから

$$\Gamma/\Gamma''=A\oplus B\quad (直和),\qquad \mathrm{Card}\ A=m,\qquad \mathrm{Card}\ B=n$$

のように分解され，Γ/Γ'' からそれ自身への準同形 f,g を

$$f(x)=mx=\underbrace{x+\cdots+x}_{m},\qquad g(x)=nx$$

と置いて定めれば $A=\mathrm{Ker}\,f$, $B=\mathrm{Ker}\,g$ である．このことから，上の条件を満たす Γ' が一意的に存在することがわかる．

(65) を示そう．Γ を格子とする．$T(p^n)T(p)\Gamma$, $T(p^{n+1})\Gamma$ および $T(p^{n-1})R_p\Gamma$ はいずれも $(\Gamma:\Gamma'')=p^{n+1}$ を満たす格子 Γ'' の1次結合となる（$(\Gamma:R_p\Gamma)=p^2$ である）．上のような格子 Γ'' の $T(p^n)T(p)\Gamma$ における係数を a, $T(p^{n+1})\Gamma$,

$T(p^{n-1})R_p\Gamma$ における係数をそれぞれ b, c とする．b は明らかに1である．ここで

$$a = 1+pc$$

を示せばよい．

二つの場合が考えられる：

(i) $\Gamma'' \not\subset p\Gamma$：この場合 $c=0$．また a は $\Gamma \supset \Gamma' \supset \Gamma''$，しかも $(\Gamma:\Gamma')=p$ を満たすような格子 Γ' の個数である．そのような格子 Γ' をとると，$\Gamma \supsetneq \Gamma' \supsetneq p\Gamma \not\supset \Gamma''$，$\Gamma' \supset \Gamma''$，Card $\Gamma/p\Gamma = p^2$ だから Γ' の $\Gamma/p\Gamma$ への像 $\overline{\Gamma'}$ は位数 p である．一方，Γ'' の $\Gamma/p\Gamma$ への像 $\overline{\Gamma''}$ も位数 p で，$\overline{\Gamma''}$ は $\overline{\Gamma'}$ に含まれるから $\overline{\Gamma'} = \overline{\Gamma''}$，ゆえに $\Gamma' = \Gamma'' + p\Gamma$ となり，Γ' は Γ'' によって確定する．すなわち $a=1=1+p0$.

(ii) $\Gamma'' \subset p\Gamma$：この場合は $c=1$．また $(\Gamma:\Gamma')=p$ ならば $\Gamma' \supset p\Gamma$，ゆえに $\Gamma' \supset \Gamma''$ だから $a=p+1=1+pc$.

系 1　<u>$n \geqq 1$ のとき $T(p^n)$ は $T(p)$, R_p の多項式である.</u> ——

これは(65)から n に関する帰納法によって導かれる．

系 2　<u>R_λ, $T(p)$ (p は素数) によって生成される多元環は可換であり，全ての $T(n)$ を含む.</u> ——

命題10および系1から明らかである．

$T(n)$ の重さ $2k$ の関数への作用　$F:\mathcal{R} \to \boldsymbol{C}$, $F(\lambda\Gamma) = \lambda^{-2k}F(\Gamma)$ ($\Gamma \in \mathcal{R}$, $\lambda \in \boldsymbol{C}^*$) としよう．すなわち F は $\mathcal{R}$ 上の重さ $2k$ の関数である (2.2参照)．定義より

$$R_\lambda F = \lambda^{-2k}F \qquad (\lambda \in \boldsymbol{C}^*). \tag{66}$$

ただし，$R_\lambda F(\Gamma) = F \circ R_\lambda(\Gamma)$ とする．$n \geqq 1$ のとき，$T(n)F = F \circ T(n)$ とすれば，(63)より

$$R_\lambda(T(n)F) = T(n)(R_\lambda F) = \lambda^{-2k}T(n)F.$$

すなわち $T(n)F$ もまた重さ $2k$ の関数となる．(64),(65)より，次の公式が成り

立つ：

(67)　$$T(m)T(n)F = T(mn)F \quad \text{ただし} \quad (m,n)=1$$

(68)　$$T(p)T(p^n)F = T(p^{n+1})F + p^{1-2k}T(p^{n-1})F \quad \text{ただし} \quad p\text{は素数}, \ n \geqq 1.$$

5.2　行列に関する補題

Γ を格子，(ω_1, ω_2) をその基底，$n \geqq 1$ を整数とする．次の補題によって $(\Gamma : \Gamma')=n$ を満たす Γ の部分格子 Γ' を全て求める方法が得られる．

補題 2　$S_n = \left\{\begin{bmatrix} a & b \\ 0 & d \end{bmatrix} \middle| a, b, d \in \boldsymbol{Z},\ ad=n,\ a \geqq 1,\ 0 \leqq b < d\right\}$ とする．$\sigma = \begin{bmatrix} a & b \\ 0 & d \end{bmatrix} \in S_n$ とし，Γ_σ は Γ の部分格子で

$$\omega_1' = a\omega_1 + b\omega_2, \qquad \omega_2' = d\omega_2$$

を基底とするものとする．$\Gamma(n) = \{\Gamma' \mid \Gamma' \subset \Gamma,\ (\Gamma : \Gamma')=n\}$ とすると $\Gamma_\sigma \in \Gamma(n)$. また $\sigma \longmapsto \Gamma_\sigma$ によって S_n から $\Gamma(n)$ への全単射が与えられる．——

$\Gamma_\sigma \in \Gamma(n)$ は容易にわかる．逆に $\Gamma' \in \Gamma(n)$ としよう．

$$Y_1 = \Gamma/(\Gamma' + \boldsymbol{Z}\omega_2), \qquad Y_2 = \boldsymbol{Z}\omega_2/(\Gamma' \cap \boldsymbol{Z}\omega_2)$$

と置けば Y_1, Y_2 はそれぞれ ω_1, ω_2 の像によって生成される有限巡回群となる．Card $Y_1 = a$，Card $Y_2 = d$ としよう．

$$0 \to Y_2 \to \Gamma/\Gamma' \to Y_1 \to 0$$

は完全系列になるから $ad=n$．$\omega_2' = d\omega_2$ と置けば，$\omega_2' \in \Gamma'$．また Card $Y_1 = a$ より $\omega_1' \in \Gamma'$ で

$$a\omega_1 \equiv \omega_1' \pmod{\boldsymbol{Z}\omega_2}$$

を満たすものがある．ここで

(*)　$$\omega_1' = a\omega_1 + b\omega_2$$

と書かれ，

$$\Gamma' \supset \boldsymbol{Z}\omega_1' + \boldsymbol{Z}\omega_2', \qquad (\Gamma : \boldsymbol{Z}\omega_1' + \boldsymbol{Z}\omega_2') = ad = n$$

だから $\Gamma' = \boldsymbol{Z}\omega_1' + \boldsymbol{Z}\omega_2'$ となり，(ω_1', ω_2') は Γ' の基底となることがわかる．また上の (*) において，b は mod d で一意的に定まり，$0 \leqq b < d$ とすれば，b は確定

する．こうして，Γ' から行列 $\sigma(\Gamma')=\begin{bmatrix} a & b \\ 0 & d \end{bmatrix}\in S_n$ が得られ，写像 $\Gamma'\longmapsto\sigma(\Gamma')$ と，写像 $\sigma\longmapsto\Gamma_\sigma$ は互いに逆写像である．こうして補題が示された．

例 p が素数のとき

$$S_p=\left\{\begin{bmatrix} p & 0 \\ 0 & 1 \end{bmatrix},\begin{bmatrix} 1 & 0 \\ 0 & p \end{bmatrix},\begin{bmatrix} 1 & 1 \\ 0 & p \end{bmatrix},\cdots,\begin{bmatrix} 1 & p-1 \\ 0 & p \end{bmatrix}\right\}.$$

5.3 $T(n)$ の保型関数への作用

k を整数，f を重さ $2k$ の，弱い意味での保型関数としよう (2.1 参照)．ここで

(69) $$F(\Gamma(\omega_1,\omega_2))=\omega_2^{-2k}f(\omega_1/\omega_2)$$

と置けば，F は $\mathfrak{R}$ で定義された重さ $2k$ の関数となる (2.2)．また，上の (69) によって，$\mathfrak{R}$ 上の重さ $2k$ の関数 F から，重さ $2k$ の，弱い意味での保型関数が得られることも 2.2 で述べた．

$n\geqq 1$ を整数とするとき $n^{2k-1}T(n)F$ に対応する H 上の関数を $T(n)f$ と記す (n^{2k-1} を $T(n)F$ に掛けて置くことによって，以下に得られる公式が“分母を持たない”形になる)．すなわち，

(70) $$T(n)f(z)=n^{2k-1}T(n)F(\Gamma(z,1))$$

と置くのである．ここで補題2を用いれば，

(71) $$T(n)f(z)=n^{2k-1}\sum_{\substack{a\geqq 1,\,ad=n\\ 0\leqq b<d}}d^{-2k}f\left(\frac{az+b}{d}\right).$$

命題 11 <u>$T(n)f$ は重さ $2k$ の弱い意味での保型関数であり，もし，f が H 上で正則ならば $T(n)f$ も H 上で正則である．さらに</u>

(72) $$(m,n)=1 \quad \text{のとき} \quad T(m)T(n)f=T(mn)f;$$

<u>p を素数，$n\geqq 1$ とすると</u>

(73) $$T(p)T(p^n)f=T(p^{n+1})f+p^{2k-1}T(p^{n-1})f.$$ ——

命題の初めの部分は (71) から明らか．また (72), (73) は (67), (68) から直ちに

得られる．((68)式では右辺の第2項に p^{1-2k} という因数があるが，$T(n)f=n^{2k-1}T(n)F(\Gamma(z,1))$ と定義したので上のような，“分母を持たない”因子に変った．)

無限遠点での振舞 f を保型関数としよう．すなわち f は無限遠点で有理形であり，$q=e^{2\pi iz}$ に関する Laurent 展開

$$(74)\qquad f(z)=\sum_{m\in\boldsymbol{Z}}c(m)q^m$$

を持つ．このとき，次の命題が成り立つ．

命題 12 $T(n)f$ は保型関数であり，

$$(75)\qquad T(n)f(z)=\sum_{m\in\boldsymbol{Z}}\gamma(m)q^m,$$

ただし

$$(76)\qquad \gamma(m)=\sum_{\substack{a\geqq 1\\ a|(n,m)}}a^{2k-1}c\left(\frac{mn}{a^2}\right).$$ ——

定義より

$$T(n)f(z)=n^{2k-1}\sum_{\substack{ad=n,\, a\geqq 1\\ 0\leqq b<d}}d^{-2k}\sum_{m\in\boldsymbol{Z}}c(m)e^{2\pi i((az+b)/d)m}$$

であるが，

$$\sum_{0\leqq b<d}e^{2\pi i(bm/d)}=\begin{cases} d, & d|m\\ 0, & d\nmid m,\end{cases}$$

だから上の和は $d|m$ となるような場合についてのみの和となり，このとき $m/d=m'$ と置けば

$$T(n)f(z)=n^{2k-1}\sum_{\substack{ad=n\\ a\geqq 1,\, m'\in\boldsymbol{Z}}}d^{-2k+1}c(m'd)q^{am'}.$$

これを q の昇べきの順に整理すれば，$d=n/a$ に注意して

$$T(n)f(z)=\sum_{\mu\in\boldsymbol{Z}}q^{\mu}\sum_{\substack{a\mid(n,\mu)\\ a\geqq 1}}a^{2k-1}c\left(\frac{\mu n}{a^2}\right).$$

f は無限遠点で有理形だから，適当な自然数 N をとれば，$m\leqq -N$ のとき $c(m)=0$ である．ゆえに，$\mu\leqq -nN$ のとき $c(\mu n/a^2)=0$，すなわち $T(n)f$ も無限遠点で有理形である．こうして命題12が示された．

系 1 $\gamma(0)=\sigma_{2k-1}(n)c(0)$，$\gamma(1)=c(n)$.

系 2 $n=p$ (素数) のとき

$$\gamma(m)=\begin{cases}c(pm), & m\not\equiv 0 \pmod p\\ c(pm)+p^{2k-1}c(m/p), & m\equiv 0 \pmod p).\end{cases}$$

系 3 f が保型形式 (または放物形式) であれば，$T(n)f$ もそうである．——

こうして，$T(n)$ は 3.2 で導入された空間 M_k, M_k^0 に作用することがわかった．5.1 命題10系2より $T(n)T(m)=T(m)T(n)$ が一般に成り立つ．さらに命題11より

(72′) $(m,n)=1$ のとき $T(m)T(n)=T(mn)$

(73′) p は素数，$n\geqq 1$ のとき $T(p)T(p^n)=T(p^{n+1})+p^{2k-1}T(p^{n-1})$.

5.4 $T(n)$ の固有関数

$f(z)=\sum_{n=0}^{\infty}c(n)q^n$ を重さ $2k$ $(k>0)$ の保型形式で，恒等的に 0 ではないものとしよう．今，f が全ての $T(n)$ $(n\geqq 1)$ の同時固有関数であるとする．すなわち，各 $n\geqq 1$ に対して複素数 $\lambda(n)$ が定まり

(77) $$T(n)f=\lambda(n)f \qquad (n\geqq 1)$$

が成り立つとするのである．このとき次の定理が成り立つ：

定理 7 (a) 上の f の展開式において $c(1)\neq 0$.

(b) $c(1)^{-1}f$ をあらためて f と置けば

(78) $$c(n)=\lambda(n) \qquad (n\geqq 1).$$ ——

命題に系1および上の (77) より $T(n)f$ の q の係数を比較して

$$c(n)=\lambda(n)c(1) \qquad (n\geqq 1)$$

が得られる．もしも $c(1)=0$ ならば $c(n)=0\,(n\geqq 1)$，ゆえに $f(z)=0$ となって仮定に反する．(b) も明らかである．

全ての $T(n)\,(n\geqq 1)$ の同時固有関数 f は，$c(1)=1$ のとき**正規化**されているという．このとき定理より直ちに次の系が得られる．

系 1 f, g がともに重さ $2k\,(k>0)$ の保型形式であり，$T(n)\,(n\geqq 1)$ の同時固有関数，しかも同じ固有値 $\lambda(n)$ を持ち，ともに正規化されていれば $f=g$.

系 2 $f(z)=\sum_{n=0}^{\infty} c(n)q^n$ が重さ $2k\,(k>0)$ の保型形式で，$T(n)\,(n\geqq 1)$ の同時固有関数，しかも正規化されているならば，次のことが成り立つ：

(79) $(m,n)=1$ のとき $c(m)c(n)=c(mn)$.

(80) p が素数，$n\geqq 1$ のとき

$$c(p)c(p^n)=c(p^{n+1})+p^{2k-1}c(p^{n-1}). \qquad ——$$

$\lambda(n)=c(n)$ だから，上式は (72), (73) から得られる．

上の (79), (80) の解析学的意味は，Dirichlet 級数を導入することによって更に明らかになる．すなわち，Dirichlet 級数：

$$\Phi_f(s)=\sum_{n=1}^{\infty}\frac{c(n)}{n^s} \tag{81}$$

は定理5およびその系によって $\mathrm{R}(s)>2k$ のとき絶対収束するが，ここで次の系が成り立つ：

系 3 P を素数全体の集合とするとき

$$\Phi_f(s)=\prod_{p\in P}\frac{1}{1-c(p)p^{-s}+p^{2k-1-2s}}. \tag{82} \qquad ——$$

実際，(79) によって関数 $n\longmapsto c(n)$ は乗法的である．$c'(n)=c(n)/n^{2k-1}$ と置けば，関数 $c' : n\longmapsto c'(n)$ は乗法的しかも有界だから，第7章3.1補題4により

$$\Phi_f(s)=\prod_{p\in P}\sum_{n=0}^{\infty}c'(p^n)p^{-ns'}, \qquad s'=s-(2k-1)$$

が $\mathrm{R}(s')>1$ のとき成り立つ．$c'(p^n)p^{-ns'}=c(p^n)p^{-ns}$ だから $p^{-s}=T$ と置いたとき次の等式が示されればよい：

$$(83)\quad \sum_{n=0}^{\infty}c(p^n)T^n = 1/\Phi_{f,p}(T),\ \text{ただし}\quad \Phi_{f,p}(T)=1-c(p)T+p^{2k-1}T^2.$$

ここで次の級数を考える：

$$\psi(T)=\left(\sum_{n=0}^{\infty}c(p^n)T^n\right)(1-c(p)T+p^{2k-1}T^2).$$

ψ の定数項は $c(1)=1$，T の係数は $c(p)-c(p)=0$ である．また ψ の $T^{n+1}\,(n\geqq 1)$ の係数は

$$c(p^{n+1})-c(p)c(p^n)+p^{2k-1}c(p^{n-1})$$

だが，(80) により，これは 0 であるから $\psi(T)=1$ となり (83) が示された．

注意 （1） 上では (79), (80) から (81), (82) を導いたが，逆に (81), (82) から (79), (80) が得られる．

（2） Hecke は Φ_f が全複素数平面において有理形の関数に解析接続されることを示した（f が放物形式ならばこの関数は正則である）．彼はさらに関数

$$(84)\qquad X_f(s)=(2\pi)^{-s}\Gamma(s)\Phi_f(s)$$

は次の**関数等式**を満たすことも示した：

$$(85)\qquad X_f(s)=(-1)^k X_f(2k-s).$$

証明には **Mellin の公式**：

$$X_f(s)=\int_0^{\infty}(f(iy)-f(\infty))y^s dy/y$$

および等式 $f(-z^{-1})=z^{2k}f(z)$ が用いられる．Hecke はさらに上の命題の逆ともいえることを証明した．すなわち，Dirichlet 級数 Φ が上のような関数等式を満たし，さらに或る種の正則性および増加の仕方に関する条件を満足すれば，Φ は重さ $2k$ の保型形式 f から得られるのである．またこの f が全ての $T(n)$ の同時固有関数となるための必要十分条件は，Φ が (82) のように Euler 積として

表わされることである．これらのことについては E. Hecke, Math. Werke, nº 33 および A. Weil, Math. Annalen, 168, 1967 を参照されたい．

5.5 同時固有関数の例

(a) **Eisenstein 級数** k を自然数 ($\geqq 2$) とする．

命題 13 Eisenstein 級数 G_k は $T(n)$ $(n\geqq 1)$ の同時固有関数であり，その固有値は $\sigma_{2k-1}(n)$，また G_k に対応する正規化された固有関数は次の通りである：

$$(86)\qquad (-1)^k\frac{B_k}{4k}E_k=(-1)^k\frac{B_k}{4k}+\sum_{n=1}^{\infty}\sigma_{2k-1}(n)q^n.$$

また対応する Dirichlet 級数は $\zeta(s)\zeta(s-2k+1)$ である．——

まず，G_k が $T(n)$ の固有関数となることを示そう．そのためには $n=p$(素数) の場合について見れば十分である．2.3 で見たように，G_k に対応する $\mathcal{R}$ ($\boldsymbol{C}$ の格子の集合) 上の関数は

$$G_k(\Gamma)=\sum_{\gamma\in\Gamma}{}'\frac{1}{\gamma^{2k}}$$

で与えられる．ここで

$$T(p)G_k(\Gamma)=\sum_{(\Gamma:\Gamma')=p}\sum_{\gamma\in\Gamma'}{}'\frac{1}{\gamma^{2k}}.$$

$\Gamma=\Gamma(\omega_1,\omega_2)$，$\gamma=a\omega_1+b\omega_2\in\Gamma$ としよう．もし，$\gamma\in p\Gamma$ ならば，γ は $(\Gamma:\Gamma')=p$ を満たす $p+1$ 個の格子 Γ' の全てに含まれ，$T(p)G_k(\Gamma)$ においての寄与は $(p+1)/\gamma^{2k}$ である．もし $\gamma\in\Gamma-p\Gamma$ ならば $(a,b)=c$ とするとき $(p,c)=1$．ここで $a'=ac^{-1}$，$b'=bc^{-1}$ と置き $\gamma'=c^{-1}\gamma$ と置こう．整数 c',d' を $a'd'-b'c'=p$ を満たすようにとり $\gamma''=c'\omega_1+d'\omega_2$ と置けば，$\Gamma'=\Gamma(\gamma',\gamma'')$ は Γ の指数 p の部分格子となり，$\gamma\in\Gamma'$ である．γ を含む Γ の部分格子 Γ' で $(\Gamma:\Gamma')=p$ を満たすものは 1 個以上はないから，この γ による $T(p)G_k(\Gamma)$ の寄与は $1/\gamma^{2k}$ である．こうして

$$T(p)G_k(\Gamma) = G_k(\Gamma)+p\sum_{\gamma\in p\Gamma}{}' \frac{1}{\gamma^{2k}} = G_k(\Gamma)+pG_k(p\Gamma)$$
$$= (1+p^{1-2k})G_k(\Gamma)$$

となることがわかった．したがって，G_k を上半平面上の関数と見なすとき，それは $T(p)$ の固有関数で，固有値は

$$p^{2k-1}(1+p^{1-2k}) = \sigma_{2k-1}(p)$$

に等しい．さて，4.2 の公式 (34), (35) によって G_k に対応する正規化された固有関数は

$$(-1)^k\frac{B_k}{4k}+\sum_{n=1}^{\infty}\sigma_{2k-1}(n)q^n$$

である．これから $T(n)$ の固有値は $\sigma_{2k-1}(n)$ に等しいこともわかる．

最後に，対応する Dirichlet 級数について見よう：

$$\sum_{n=1}^{\infty}\frac{\sigma_{2k-1}(n)}{n^s} = \sum_{1\leqq a,d}\frac{a^{2k-1}}{a^s d^s}$$
$$= \left(\sum_{d=1}^{\infty}\frac{1}{d^s}\right)\left(\sum_{a=1}^{\infty}\frac{1}{a^{s+1-2k}}\right)$$
$$= \zeta(s)\zeta(s-2k+1).$$

(b)　**関数 Δ**

命題 14　<u>関数 Δ は $T(n)$ $(n\geqq 1)$ の同時固有関数である．固有値は $\tau(n)$，また対応する正規化された固有関数は：</u>

$$(2\pi)^{-12}\Delta = q\prod_{n=1}^{\infty}(1-q^n)^{24} = \sum_{n=1}^{\infty}\tau(n)q^n$$

<u>である．</u>——

重さ 12 の放物形式の空間は 1 次元であり，それは $T(n)$ 不変だから Δ が $T(n)$ $(n\geqq 1)$ の同時固有関数となることは明らかである．また上の式は 4.5 (50) から得られる．

系　次の式が成り立つ：

(52)　　$(n, m)=1$ のとき　$\tau(nm)=\tau(n)\tau(m)$

(53)　p を素数，$n \geqq 1$ とすると

$$\tau(p)\tau(p^n)=\tau(p^{n+1})+p^{11}\tau(p^{n-1}).$$

注意　上と同様の結果は重さ $2k$ の放物形式の空間 M_k^0 が1次元のときはいつも得られる．すなわち $k=6, 8, 9, 10, 11, 13$ のとき M_k^0 は1次元でそれぞれ基底として $\Delta, \Delta G_2, \Delta G_3, \Delta G_4, \Delta G_5, \Delta G_7$ を持つ．

5.6　補　遺

5.6.1　Peterssonのスカラー積

f, g を重さ $2k\,(k>0)$ の放物形式としよう．

$$\mu(f, g)=f(z)\overline{g(z)}y^{2k}dxdy/y^2 \qquad (x=\mathrm{R}(z),\quad y=\mathrm{Im}(z))$$

と置くと，μ は容易にわかるように G 不変であり，これを H/G の測度とみなすと H/G は測度有限になる．ここで

(87)　$$\langle f, g\rangle=\int_{H/G}\mu(f, g)=\int_D f(z)\overline{g(z)}y^{2k-2}dxdy$$

と置けば $\langle f, g\rangle$ は M_k^0 で定義された正値定符号，非退化Hermite形式となる．さらに

(88)　$$\langle T(n)f, g\rangle=\langle f, T(n)g\rangle$$

が成り立つこと，すなわち $T(n)$ は $\langle f, g\rangle$ に関して "Hermitian" であることが示される(たとえばGunning, Lectures on Modular Formsを参照されたい)．また $T(n)T(m)=T(m)T(n)$，すなわち $T(n)\,(n\geqq 1)$ は互いに可換だから，良く知られた論法によって，M_k^0 の直交基底で $T(n)$ の同時固有関数からなるものが存在することがわかる．またそれらの関数の固有値は実数である．

5.6.2　$T(n)$ の特性多項式の係数

重さ $2k$ の保型形式

$$f(z)=\sum_{n=0}^{\infty}c(n)q^n$$

で，$c(n)$ が全て整数であるものの集合を $M_k(\boldsymbol{Z})$ と書こう．$M_k(\boldsymbol{Z})$ は $\boldsymbol{Z}$ 上の基底を持ち，それが M_k の $\boldsymbol{C}$ 上の基底となることが証明される．すなわち k が偶数のときには

$$\{E_2^{\alpha}F^{\beta}\,|\,\alpha,\beta\in\boldsymbol{N},\ \ \alpha+3\beta=k/2\},$$

k が奇数のときには

$$\{E_3E_2^{\alpha}F^{\beta}\,|\,\alpha,\beta\in\boldsymbol{N},\ \ \alpha+3\beta=(k-3)/2\}$$

が $M_k(\boldsymbol{Z})$ の $\boldsymbol{Z}$ 上の基底となる（ここで $F(z)=q\prod_{n=1}^{\infty}(1-q^n)^{24}$ であった）．命題 12 からわかるように $T(n)\,(n\geqq 1)$ は $M_k(\boldsymbol{Z})$ に作用する．これから $T(n)$ を M_k に作用させるときその特性多項式の係数は整数であることがわかる[1]．特に，$T(n)$ の固有値は代数的整数となり，5.6.1 によって総実であることもわかる．

5.6.3 Ramanujan-Petersson の予想

$f(z)=\sum_{n=1}^{\infty}c(n)q^n$ を重さ $2k$ の放物形式で $T(n)\,(n\geqq 1)$ の同時固有関数とし，さらに $c(1)=1$，すなわち $f(z)$ は正規化されているとしよう．また

$$\Phi_{f,p}(T)=1-c(p)T+p^{2k-1}T^2 \qquad (p：素数)$$

を 5.4 公式 (83) で導入された多項式とする．ここで

$$\Phi_{f,p}(T)=(1-\alpha_pT)(1-\alpha'_pT) \tag{89}$$

ただし

$$\alpha_p+\alpha'_p=c(p), \qquad \alpha_p\alpha'_p=p^{2k-1} \tag{90}$$

と書ける．**Petersson の予想**は，この α_p,α'_p が共役複素数であることを主張する．$\alpha_p\alpha'_p>0$ だから，この予想は

$$|\alpha_p|=|\alpha'_p|=p^{k-1/2}$$

と同値である．さらに，$x,y>0$ ならば

1) $T(n)$ のトレースを基本的に与える式が得られている．M. Eichler, A. Selberg, Journ. Indian Math. Soc., 20, 1956 を参照．

$$\frac{1}{2}\left(x+\frac{y}{x}\right) \geqq \sqrt{x\cdot\frac{y}{x}} = \sqrt{y}$$

となることから直ちにわかるように，上の予想は

$$|c(p)| \leqq 2p^{k-1/2}$$

とも言い換えられる．さらに強く

$$|c(n)| \leqq n^{k-1/2}\sigma_0(n) \qquad (n \geqq 1)$$

という命題も考えられる．特に $k=6$ の場合，Petersson の予想は，Ramanujan の予想：

$$|\tau(p)| \leqq 2p^{11/2}$$

に他ならない．これらの予想は，P. Deligne(Publ. Math. IHES, 43, 1974, p. 302) によって証明された．彼は有限体上の代数的多様体に関する "Weil 予想" を解き，その結果として上の証明を得たのである．

§6　テータ関数

6.1　Poisson の和公式

V を実数体上 $n\,(<\infty)$ 次元のベクトル空間，V を加群と見なしたときの Haar 測度を μ としよう (V の適当な基底 $\{v_1, \cdots, v_n\}$ をとり，$V \cong \boldsymbol{R}^n$ とするとき $V \ni x=\sum x_i v_i=(x_1, \cdots, x_n)$ と書けば μ として $dx_1 \cdots dx_n$ またはその正定数倍がとれる)．V' を V の双対空間とする．f を V 上の急減少無限回微分可能な関数とする (L. Schwartz, Théorie des Distributions, Ⅶ, §3 (岩村聯他訳，超函数の理論，第2版) 参照)．f の **Fourier 変換** f' は次の式で与えられる：

$$f'(y) = \int_V e^{-2\pi i\langle x, y\rangle} f(x)\mu(x) \qquad (y \in V'). \tag{91}$$

f' は V' 上の急減少無限回微分可能な関数となることが知られている．

さて，Γ を V の格子としよう (2.2 参照)．V' における Γ の**双対格子**を Γ',

すなわち

$$\Gamma' = \{y \in V' \mid \langle x, y\rangle \in \mathbf{Z},\ \ \forall x \in \Gamma\}$$

とする．Γ' は，直ちにわかるように，Γ の $\mathbf{Z}$ 双対加群である．

命題 15 $v=\mu(V/\Gamma)$ とすると次のことが成り立つ：

$$\sum_{x\in\Gamma} f(x) = v^{-1}\sum_{y\in\Gamma'} f'(y). \tag{92}$$

——

μ を $v^{-1}\mu$ で置き換えれば，$\mu(V/\Gamma)=1$ である．Γ の基底 $e_1, \cdots, e_n$ を適当にとって V を $\mathbf{R}^n$, Γ を $\mathbf{Z}^n$ と同一視し，さらに $\mu=dx_1\cdots dx_n$ となるようにしよう．このとき $V'=\mathbf{R}^n$, $\Gamma'=\mathbf{Z}^n$ であり，(92) は良く知られた Poisson の和公式に他ならない (Schwartz, 前掲書, Ⅶ, 公式 7; 5).

6.2 2次形式論への応用

これから，V には正定符号非退化の対称双1次形式 $x\cdot y$ が与えられているとする．このとき，$y\in V$ に対して $V\ni x\longmapsto x\cdot y\in\mathbf{R}$ を対応させれば，V と V' を同一視することができる．Γ の双対格子 Γ' は，したがって V の格子となる．$\Gamma'=\{y\in V \mid x\cdot y\in\mathbf{Z},\ \forall x\in\Gamma\}$ である．

V の格子 Γ が与えられたとき，$\mathbf{R}_+^*=\{x\in\mathbf{R}\mid x>0\}$ を定義域とする関数 Θ_Γ を次のように定める：

$$\Theta_\Gamma(t) = \sum_{x\in\Gamma} e^{-\pi t x\cdot x}. \tag{93}$$

また V の不変測度 μ を，V の正規直交基底 $\varepsilon_1, \cdots, \varepsilon_n$ を一つとり，$\varepsilon_i\,(i=1, \cdots, n)$ によって定まる“立方体”の体積が1になるようにきめておく．格子 Γ の測度 v を，$v=\mu(V/\Gamma)$ と置いて定める．

命題 16 次の等式が成り立つ：

$$\Theta_\Gamma(t) = t^{-n/2}v^{-1}\Theta_{\Gamma'}(t^{-1}). \tag{94}$$

——

$f(x)=e^{-\pi x\cdot x}$ と置こう．これは V 上の急減少無限回微分可能な関数である．

f の Fourier 変換 f' は f に相等しい．実際，V の正規直交基底を適当に選んで V を $\boldsymbol{R}^n$ と同一視し $\mu=dx=dx_1\cdots dx_n$ となるようにすれば

$$f(x)=e^{-\pi(x_1{}^2+\cdots+x_n{}^2)}$$

となる．ところが良く知られているように

$$\int_{-\infty}^{\infty}e^{-2\pi ixy}e^{-\pi x^2}dx=2\int_0^{\infty}\cos(2\pi xy)\cdot e^{-\pi x^2}dx$$
$$=e^{-\pi y^2}$$

(高木貞治，解析概論，改訂第3版，第4章48参照)．これから $f'=f$.

ここで命題15を関数 f および格子 $t^{1/2}\Gamma$ に適用する．この格子の測度は $t^{n/2}v$ でその双対格子は $t^{-1/2}\Gamma'$ だから，(92)から求める式が得られる．

6.3　行列論的解釈

$e_1,\cdots,e_n$ を Γ の基底，$a_{ij}=e_i\cdot e_j$ としよう．行列 $A=(a_{ij})$ は対称，正定符号非退化である．$x=\sum x_ie_i\in V$ とすると，$x\cdot x=\sum a_{ij}x_ix_j$．関数 Θ_Γ は

$$\Theta_\Gamma(t)=\sum_{x_i\in\boldsymbol{Z}}e^{-\pi t\sum a_{ij}x_ix_j} \tag{95}$$

と書ける．Γ の測度 v は

$$v=(\det A)^{1/2} \tag{96}$$

によって与えられる．実際，$\varepsilon_1,\cdots,\varepsilon_n$ を V の正規直交基底とし

$$\varepsilon=\varepsilon_1\wedge\cdots\wedge\varepsilon_n,\qquad e=e_1\wedge\cdots\wedge e_n$$

と置けば $e=\lambda\varepsilon$，$|\lambda|=v$ である．他方

$$e\cdot e=(\det A)\,\varepsilon\cdot\varepsilon$$

だから $\lambda^2=v^2=\det A$.

$A^{-1}=B=(b_{ij})$ と置こう．(e_i) の双対基底 (e'_i) は

$$e'_i=\sum b_{ij}e_j$$

によって与えられる．(e'_i) は Γ' の基底となり $e'_i\cdot e'_j$ を ij 成分とする行列は B

である．したがって $v'=\mu(V/\Gamma')$ と置けば $vv'=1$ である．

6.4　特別の場合

次の条件(i),(ii)を満たす (V,Γ) について考えよう：

(i)　$\Gamma'=\Gamma$,

(ii)　全ての $x\in\Gamma$ に対して $x\cdot x\equiv 0 \pmod 2$.

(i)は全ての $x,y\in\Gamma$ に対して $x\cdot y\in\boldsymbol{Z}$，さらに $\Gamma\ni x$ に対して Γ' の元 $y\longmapsto x\cdot y\ (y\in\Gamma)$ を対応させる写像が Γ から Γ' の上への同形となると言い換えてもよい．行列の用語を使えば，これは $A=(a_{ij})$ が整数係数を持ち，しかも $\det A=1$ となることと同値である．(96)によれば，$\det A=1\Longleftrightarrow v=1$ である．

$n=\dim V$ とすれば，上の条件は2次加群 Γ が第5章1.1で導入された S_n に属していることを意味している．逆に $\Gamma\in S_n$ が正定符号ならば $V=\Gamma\otimes\boldsymbol{R}$ と置くとき，(V,Γ) は条件(i)を満たす．

(ii)は Γ が第2種であることを意味している(第5章1.3.4参照)．これはまた A の対角成分 $a_{ii}=e_i\cdot e_i$ が偶数であると言い換えてもよい．

(i),(ii)を満たす格子 Γ の例は第5章で与えた．

6.5　テータ関数

これ以後 (V,Γ) は前節の条件(i),(ii)を満たしているものとする．

m を整数，$m\geqq 0$ とし，Γ の元 x で $x\cdot x=2m$ を満たすもの全体の個数を $r_\Gamma(m)$ と書く．容易にわかるように或る多項式 $P(X)$ をとれば，$r_\Gamma(m)\leqq P(m)$ (実は，$r_\Gamma(m)=O(m^{n/2})$ となることもわかる)．したがって，整級数

$$\sum_{m=0}^{\infty} r_\Gamma(m)q^m = 1+r_\Gamma(1)q+\cdots$$

は $|q|<1$ のとき収束する．ここで，$z\in H$ (上半平面) $q=e^{2\pi iz}$ とし，関数 $\theta_\Gamma(z)$ を

(97) $$\theta_\Gamma(z)=\sum_{m=0}^{\infty} r_\Gamma(m)q^m$$

と置いて定めよう．すると

(98) $$\theta_\Gamma(z)=\sum_{x\in\Gamma} q^{(x\cdot x)/2}=\sum_{x\in\Gamma} e^{\pi iz(x\cdot x)}$$

となる．θ_Γ は2次加群 Γ の**テータ関数**と呼ばれる．これは H 上で正則な関数である．

定理 8 (a) $n=\dim V$ は8の倍数である．

(b) θ_Γ は重さ $n/2$ の保型形式である．——

(a)は既に示されている(第5章2.1定理2系2)．

(b)を示すために，等式：

(99) $$\theta_\Gamma(-z^{-1})=(-iz)^{n/2}\theta_\Gamma(z)$$

が成り立つことをいおう．上式の両辺は z の解析関数だから $z=it$, $t>0$ の場合に等式が成り立つことを示せばよい．ところが

$$\theta_\Gamma(it)=\sum_{x\in\Gamma} e^{-\pi t(x\cdot x)}=\Theta_\Gamma(t),$$

$$\theta_\Gamma\left(\frac{-1}{it}\right)=\Theta_\Gamma(t^{-1})$$

であるから(99)は(94)から得られる．実際，いまの場合 $v=1$, $\Gamma=\Gamma'$ である．

いま，n は8の倍数だから(99)は

(100) $$\theta_\Gamma(-z^{-1})=z^{n/2}\theta_\Gamma(z)$$

と書かれる．こうして θ_Γ が重さ $n/2$ の保型形式であることが示された．

((a)の別証を簡単に紹介しよう．n が8の倍数ではないとする．必要に応じて Γ のかわりに $\Gamma\oplus\Gamma$ または $\Gamma\oplus\Gamma\oplus\Gamma\oplus\Gamma$ をとると $n\equiv 4 \pmod 8$ となると仮定できる．そのとき(99)により

$$\theta_\Gamma(-z^{-1})=-z^{n/2}\theta_\Gamma(z).$$

ここで $\omega(z)=\theta_\Gamma(z)dz^{n/4}$ と置くと微分形式 ω は変換 $S: z\longmapsto -z^{-1}$ によって $-\omega$

に写ることがわかる．一方，ω は $T: z \mapsto z+1$ によっては不変だから，ST によって ω は $-\omega$ に写る．ところが $(ST)^3=1$ だからこれは矛盾である．)

系 1　$k=n/4$ とすると重さ $n/2$ の放物形式 f_Γ があり

$$\theta_\Gamma = E_k + f_\Gamma \tag{101}$$

が満たされる．——

$\theta_\Gamma(\infty)=E_k(\infty)=1$ だから $\theta_\Gamma - E_k$ は放物形式である．

系 2　次の等式が成り立つ：

$$r_\Gamma(m) = \frac{4k}{B_k}\sigma_{2k-1}(m) + O(m^k), \qquad k = \frac{n}{4}. \qquad ——$$

これは系 1 および (34)，それに定理 5 から得られる．

注意　上で，“補正項”として導入された f_Γ は一般に 0 ではない．ところが Siegel は f_Γ の或る種の平均は 0 になることを示した．すなわち，条件(i)，(ii) を満たす格子 Γ の同形類の集合を C_n とし，C_n の元 Γ の自己同形群の位数を g_Γ とする (第 5 章 2.3 参照) と次のことがいえる：

$$\sum_{\Gamma \in C_n} \frac{1}{g_\Gamma} f_\Gamma = 0. \tag{102}$$

または，同じことだが，

$$\sum_{\Gamma \in C_n} \frac{1}{g_\Gamma} \theta_\Gamma = M_n E_k, \qquad M_n = \sum_{\Gamma \in C_n} \frac{1}{g_\Gamma}. \tag{103}$$

こうして θ_Γ の “平均” は $T(n)$ の同時固有関数となることがわかった (逆にこの命題から f_Γ の “平均” が 0 であることが導かれる)．

(102), (103) の証明は C. L. Siegel, Gesam. Abh., n° 20 を見られたい．

6.6　例

(i)　$n=8$ の場合

重さ $n/2=4$ の放物形式は 0 だから定理 8 系 1 より $\theta_\Gamma = E_2$ すなわち

(104)
$$r_\Gamma(m)=240\sigma_3(m)\qquad (m\geqq 1).$$

特に Γ として，第5章1.4.3で与えた Γ_8 をとることができる．Γ_8 は C_8 に属するただ一つの格子であった．

(ii)　$n=16$ の場合

上の場合と同様に $M_4^0=0$ だから

(105)
$$\theta_\Gamma=E_4=1+480\sum_{m=1}^{\infty}\sigma_7(m)q^m.$$

Γ としては，第5章1.4.3の記法で $\Gamma_8\oplus\Gamma_8$ または Γ_{16} をとることができる．これからの格子は同形ではないのだが，各 $m\geqq 1$ に対して $r_\Gamma(m)$ は等しく，同じテータ関数を決めるのである．ところで，$\Gamma_8\oplus\Gamma_8$ に対応するテータ関数は Γ_8 に対応するテータ関数の2乗である．こうして既に得られた式((36))だが

$$\left(1+240\sum_{m=1}^{\infty}\sigma_3(m)q^m\right)^2=1+480\sum_{m=1}^{\infty}\sigma_7(m)q^m$$

が再度示された．

(iii)　$n=24$ の場合

$\dim M_6=2$ であり M_6 の基底として

$$E_6=1+\frac{65520}{691}\sum_{m=1}^{\infty}\sigma_{11}(m)q^m$$

$$F=(2\pi)^{-12}\Delta=q\prod_{m=1}^{\infty}(1-q^m)^{24}=\sum_{m=1}^{\infty}\tau(m)q^m$$

の二つがとれる．

Γ に対応するテータ関数は，したがって，

(106)
$$\theta_\Gamma=E_6+c_\Gamma F\qquad (c_\Gamma\in\boldsymbol{Q})$$

のように表わされる．すなわち

(107)
$$r_\Gamma(m)=\frac{65520}{691}\sigma_{11}(m)+c_\Gamma\tau(m)\qquad (m\geqq 1).$$

係数c_Γを決めるためには$m=1$と置いて

$$c_\Gamma = r_\Gamma(1) - \frac{65520}{691}. \tag{108}$$

ここで，$\dfrac{65520}{691}$は整数ではないので$c_\Gamma \neq 0$である．

例

(a) J. Leech (Canad. J. Math., 16, 1964) によって構成された格子Γに対しては$r_\Gamma(1)=0$であり，

$$c_\Gamma = -\frac{65520}{691} = -\frac{2^4\cdot 3^2\cdot 5\cdot 7\cdot 13}{691}.$$

(b) $\Gamma=\Gamma_8\oplus\Gamma_8\oplus\Gamma_8$に対して$r_\Gamma(1)=2^5\cdot 3^2\cdot 5=710$であり，

$$c_\Gamma = \frac{432000}{691} = \frac{2^7\cdot 3^3\cdot 5^3}{691}.$$

(c) $\Gamma=\Gamma_{24}$に対して$r_\Gamma(1)=2\cdot 24\cdot 23$であり，

$$c_\Gamma = \frac{697344}{691} = \frac{2^{10}\cdot 3\cdot 227}{691}.$$

6.7 補　　遺

われわれはモジュラー群$G=\boldsymbol{PSL}_2(\boldsymbol{Z})$についてのみ考えてきたが，このことによって格子についても6.4で与えたような非常に強い条件を考えることが必要になった．特に，2次形式

$$X_1^2+\cdots+X_n^2$$

に対応する格子Γはより自然なものであるが，これは条件(i)のみを満たし(ii)は満たさない．G'としてSおよびT^2によって生成されるGの部分群をとれば，格子Γに対応するテータ関数はG'に関する“重さ$n/2$の保型形式”である($n/2$は必ずしも偶数でなくとも良いし，整数でないこともある)．G'はGの指数3の部分群であり，G'の基本領域は2個の尖点を持ち，それぞれに対して

Eisenstein 級数のタイプが与えられる．G' に関する上のような理論の中から，与えられた自然数を n 個の平方数の和として表わす方法の数も得られる．これらについての詳しいことは，巻末に挙げる文献を参照されたい．

訳者あとがきにかえて

群，環，体などについて

座標平面の原点を中心とする円の方程式

(1) $$x^2+y^2=a$$

を考えよう．$a>0$ のとき，(1)を満たす点(x, y)は無限にある．しかし，ここで a を自然数($\geqq 1$)，(x, y) を座標平面の格子点(すなわち x, y がともに整数であるような点)とすれば，(1)の解は存在しないこともあるし，存在してもその個数は有限である．

方程式(1)は，

(2) $$x_1^2+x_2^2+\cdots+x_n^2=a$$

の特別の場合($n=2$)と考えられる．(2)はベクトルの内積$(x_1, x_2, \cdots, x_n)\cdot(x_1, x_2, \cdots, x_n)$が a に等しいことを示している．ベクトルの内積の考えをより推し進めると，2次形式論に到達する．方程式(2)が整数解を持つとき，2次形式 $x_1^2+\cdots+x_n^2$ は a を**表現する**という．与えられた2次形式がどのような数を表現するかという問題は，本書の前半で扱われる主要なテーマの一つである．このような問題について考えるために，整数，特に素数の深い性質をしらべることが必要になる．第1章の有限体の話は，素数の性質と深く結びついている．群，環，体などの，基礎的な代数学の諸概念が，ここで姿を現わす．

方程式(2)について考えるとき，$x_1, \cdots, x_n$ の値の動く範囲として，まず実数全体を考えると問題が見やすくなる．実数全体 $\boldsymbol{R}$ は，有理数全体 $\boldsymbol{Q}$ を含み，$\boldsymbol{Q}$ の中では収束しない数列も，それが“基本列”なら $\boldsymbol{R}$ の中では収束する．数列の収束，また“基本列”の定義は，数同士の遠近の概念に基づいてなされる．数同士の遠近とは，距離空間の理論，より広く位相空間論の概念である．第2章以下では位相空間論の基礎的な諸概念がしばしば使われ，各素数 p に対して定められる $\boldsymbol{Q}$ の数同士の距離(p 進距離)を用いて得られる p 進体の中に，$\boldsymbol{Q}$ が埋め込まれる．p 進体を考えることによって，(2) の整数解を求めるというような2次形式の数論の問題に，新しい視野が開かれる．2次形式の数論は，第3章でも見られるように，体の2次拡大の理論と深く結びついている．

第4章以下では，線型代数学の諸概念を用いて，$\boldsymbol{Q}$ および p 進体上の2次形式論が展開される．

本書の第2部は，一見第1部とは異なる保型関数など解析的な対象をテーマとして取り上げている．一変数複素関数論は，第2部解析的方法の中で使われる主要なものである．そして，保型関数の理論と，2次形式についての数論的問題とが密接に結びついていることが，第7章§6(テータ関数)で説明される．

数論の問題には，上の方程式(1)のように，比較的簡明で自然なものが多いが，それに取り組む中で，数論と代数学，位相空間論，関数論などの多くの分野との関連が明らかになる．ここでは，主として第1章への導入のために，群，環，体などの性質について，基礎的なものを取り上げ，記号の説明，復習をこめて，まとめておこう．なお，位相空間論については，多くの書物があるが，

河田敬義，三村征雄，現代数学概説 II，岩波書店

彌永昌吉，彌永健一，岩波講座基礎数学，集合と位相 II，岩波書店

などを参照されたい．また，関数論についての参考書も数多いが，

吉田洋一，函数論，第2版(岩波全書)，岩波書店

を挙げて置こう．

合同関係，同値関係，同値類

自然数 $m\,(\geqq 1)$ を一つ定めておく．整数 x, y は，$x-y=mz$ (z は整数) となるとき，m を**法として合同**であるといわれ，このとき $x\equiv y \pmod{m}$ と表わされる．たとえば，$2\equiv 4 \pmod{2}$，$2\equiv 5 \pmod{3}$．このようにして，整数 x, y の間に定められる関係を，m を法とする**合同関係**と呼ぶ．合同関係は，同値関係の典型的な例である．一般的に，集合 S とその元 $x, y, z, \cdots$ が与えられ，S の元の間の関係 $\sim$ が

反射律　　$x\sim x$

対称律　$x\sim y\Rightarrow y\sim x$

推移律　$x\sim y,\ y\sim z\Rightarrow x\sim z$

を満たすとき，$\sim$ は S の元の間の**同値関係**と呼ばれる．合同関係が，上の三つの法則を満たすことは明らかである．

集合 S と，その元の間の同値関係 $\sim$ が与えられたとき，S の元 x に対して，x と同値な S の元をひとまとめにしたものを，x の**同値類**(あるいは x を**代表元**とする S の同値類)といい，$(x)_\sim$ と表わす．すなわち

$$(x)_\sim=\{y\in S\,|\,y\sim x\}.$$

ここで，$(x)_\sim=(y)_\sim$ と $x\sim y$ とは同値であることが，容易に確かめられる．また，

$$(x)_\sim\cap(y)_\sim\neq\phi\Longleftrightarrow(x)_\sim=(y)_\sim$$

が成り立つ．実際，$(x)_\sim\cap(y)_\sim\ni z$ ならば $z\sim x$ かつ $z\sim y$ だが，対称律により $x\sim z$，また推移律により $x\sim y$ となり，したがって $(x)_\sim=(y)_\sim$．逆に $(x)_\sim=(y)_\sim$ ならば $(x)_\sim\cap(y)_\sim\ni x$ である．

S として整数全体の集合 $\boldsymbol{Z}$，$\sim$ として m を法とする合同関係をとった場合，$(x)_\sim$ を $(x)_m$ と書こう．たとえば，$(0)_2=(2)_2=$偶数全体の集合，$(1)_2=$奇数全体の集合，そして $\boldsymbol{Z}=(0)_2\cup(1)_2$ となる．一般に，$\boldsymbol{Z}=(0)_m\cup(1)_m\cup\cdots\cup(m-1)_m$ となり，$0\leqq r<m$ のとき $(r)_m$ は m で割ると r 余るような数全体の集合となる．

集合 S と，その元の間の同値関係 $\sim$ が与えられたとき，S の同値類全体の集合を，S の $\sim$ に関する**商集合**と呼び $S/\sim$ と書く．特に $S=\boldsymbol{Z}$，$\sim$ を m を法とする合同関係とするとき $\boldsymbol{Z}/\sim$ を $\boldsymbol{Z}/m\boldsymbol{Z}$ と表わす．$\boldsymbol{Z}/m\boldsymbol{Z}$ は m 個の元から成る集合である．

$\boldsymbol{Z}/m\boldsymbol{Z}$ の元 $(x)_m, (y)_m$ に対し，それらの和，積を $(x+y)_m, (xy)_m$ とおいて定めることができる．ここで，$\xi=(x)_m$，$\eta=(y)_m$ は $\xi=(x')_m$，$\eta=(y')_m$ のように x, y とは別の x', y' によって表わすこともできるが，このとき $x\equiv x'\pmod m$，$y\equiv y'\pmod m$ なので，

$$x+y\equiv x'+y'\pmod m,\qquad xy\equiv x'y'\pmod m$$

となって，$(x+y)_m=(x'+y')_m$，$(xy)_m=(x'y')_m$ が成り立つのである($xy\equiv x'y'\pmod m$ は，$xy-x'y'=xy-x'y+x'y-x'y'=(x-x')y+x'(y-y')$ か

ら導かれる). たとえば, $(1)_2+(1)_2=(0)_2$, $(2)_3(2)_3=(1)_3$, $(2)_5(2)_5+(1)_5=(0)_5$.

加群, 環, 体

可換群 A は, その演算が加法の形で与えられているとき**加群**と呼ばれ, A の部分群は A の部分加群と呼ばれる. 加群 A の単位元は A の**零元**と呼ばれ 0_A または単に 0 と書かれる. $\boldsymbol{Z}$ は普通の数の加法を演算とする加群である.

R を空ではない集合とし, その任意の元 x, y に対してそれらの和, 積と呼ばれる R の元 $x+y$, xy が定められているとしよう. ここで

(1) R は + を演算とする加群となる.

(2) R の任意の元 x, y, z に対し

結合則　$(xy)z = x(yz)$

分配則　$x(y+z) = xy+xz$,　$(x+y)z = xz+yz$

が満たされるとき, R は**環**と呼ばれる. $\boldsymbol{Z}$, $\boldsymbol{Z}/m\boldsymbol{Z}$ はそれぞれ環である.

環 R の部分集合 $S\,(\neq\phi)$ は, それが R の部分加群であり, しかも R の乗法について閉じているとき(すなわち, S の任意の元 x, y に対してその積 xy がまた S に含まれるとき) R の**部分環**と呼ばれる. $m\boldsymbol{Z}=\{mx\,|\,x\in\boldsymbol{Z}\}$ は $\boldsymbol{Z}$ の部分環となる.

環 R に含まれる元 e が次の性質を満たすとき, e は R の**単位元**と呼ばれる:

$$xe = ex = x \qquad (x \text{ は } R \text{ の任意の元}).$$

R の単位元は, 存在すれば 1 個しかない. 実際 e, f を R の単位元とすると, e が単位元だから $fe=f$ となり, 一方 f も単位元だから $fe=e$, ゆえに $f=e$ となる. R の単位元は 1_R または単に 1 と表わされる. 一方環 R を加群と見なすとき, その単位元 0_R があるが, これを環 R の**零元**といって単に 0 とも書く. $R \ni x$ に対して,

$$x = 0 \Longleftrightarrow x+x = x$$

が成り立つ. また, R の任意の元 x に対し $0x+0x=(0+0)x=0x$, ゆえに $0x=0$. 同様に $x0=0$.

$\boldsymbol{Z}$ の単位元は 1, $\boldsymbol{Z}/m\boldsymbol{Z}$ の単位元は $(1)_m$ である. しかし $m=1$ のとき, $\boldsymbol{Z}/m\boldsymbol{Z}$

はただ一つの元$(0)_1=(1)_1$から成り，この場合単位元と零元とは同一である．一般に，環Rにおいて$1_R=0_R$ならば，Rの任意の元xは0_Rに等しい($x=x1_R=x0_R=0_R$)．零元のみからなる環を**零環**という．普通，環Rが単位元を持つというとき，$1_R\neq 0_R$と仮定する．$m>1$のとき$m\boldsymbol{Z}$は単位元を持たないことにも注意しておこう．

Rを，単位元$1\,(\neq 0_R)$を持つ環とする．Rの元xに対して，$xy=yx=1$を満たすRの元yが存在するとき，xは**可逆**，あるいは**正則**であるといい，yをxの**逆元**と呼ぶ．xの逆元は，あればただ一つに定まる．実際y, zをxの逆元とすると

$$y=y(xz)=(yx)z=z.$$

正則元xの逆元をx^{-1}と記す．$(x^{-1})^{-1}=x$である．(一方加群Rの元xの，$+$に関する逆元は$-x$と書かれる．) Rの正則元全体の集合をR^*と記すと，R^*はRの乗法を演算とする群になる．$\boldsymbol{Z}^*=\{1,-1\}$, $(\boldsymbol{Z}/2\boldsymbol{Z})^*=\{1\}$, $(\boldsymbol{Z}/3\boldsymbol{Z})^*=\{1, 2\}$, $(\boldsymbol{Z}/4\boldsymbol{Z})^*=\{1,3\}$, $(\boldsymbol{Z}/5\boldsymbol{Z})^*=\{1,2,3,4\}$, $\cdots$ (ただし，$(3)_5, (4)_5$等を単に$3, 4$等と書いた)．一般に，$(\boldsymbol{Z}/m\boldsymbol{Z})^*=\{a_1, a_2, \cdots, a_n\}$ $(1\leqq a_i\leqq m-1)$と書くと，これは$\{1, 2, \cdots, m-1\}$の中に含まれるmと互いに素な数の集合と一致する．これらの個数は$\varphi(m)$と書かれ，mの**Euler関数**と呼ばれる．pを素数とすると$\varphi(p)=p-1$．また$\varphi(4)=2$, $\varphi(6)=2$, $\varphi(8)=4$等々．

単位元$1\,(\neq 0_R)$を持つ環Rは，$R^*=R-\{0_R\}$ (一般に，A, Bを集合とするとき，$A-B=\{x\in A\,|\,x\notin B\}$とおき，これを$A, B$の**集合論的差**という)となるとき，すなわち，0_R以外のRの全ての元が正則になるとき，**体**と呼ばれる．特に，Rが可換環となるとき(すなわちRの任意の元x, yに対して$xy=yx$)，このようなRは**可換体**であるという．(Rを体という場合，Rは可換であると仮定することが多い．) $\boldsymbol{Q}, \boldsymbol{R}$は可換体である．また$\boldsymbol{Z}/m\boldsymbol{Z}$が体になるための必要十分条件は$\varphi(m)=m-1$となること，すなわち$m$が素数となることである．$p$を素数とするとき$\boldsymbol{Z}/p\boldsymbol{Z}$を$\boldsymbol{F}_p$とも記す．これは典型的な有限体であり，第1章の主役である．

Fを体，1をその単位元とし，適当な自然数mに対し

(3)
$$m = \underbrace{1+1+\cdots+1}_{m} = 0$$

となるとしよう($m>1$). ここで, もしもmが合成数で$m=kl$ ($k, l>1$)と書ければ,

$$m = (\underbrace{1+\cdots+1}_{k})(\underbrace{1+\cdots+1}_{l}) = kl = 0$$

となる. もしも$k\neq 0$ならば, $k^{-1}m=l=0$となる. このことから, mとして(3)を満たすような最小の自然数をとれば, mは素数pとなることがわかる. このとき体Fの**標数**(characteristic)はpであるといい, $\mathrm{ch}\,F=p$と書く. もしも, (3)を満たすような自然数mが存在しなければ, Fの標数は0であるという. $\mathrm{ch}\,\boldsymbol{Q}=0$, $\mathrm{ch}\,\boldsymbol{F}_p=p$である.

環Rから環R'への写像fは, Rの任意の元x, yについて$f(x+y)=f(x)+f(y)$, $f(xy)=f(x)f(y)$が満たされるとき, RからR'への**環準同形**と呼ばれる. $\boldsymbol{Z}$の元xを$\boldsymbol{Z}/m\boldsymbol{Z}$の元$(x)_m$に対応させる写像を$\pi_m$と書くと, π_mは環準同形である. 一般に, 環準同形fがRからR'への単射であるとき, fはRからR'への**環同形**と呼ばれ, このとき, もしも更にfがRからR'への全射なら, fはRからR'の**上への環同形**と呼ばれ, RとR'は(fを通して)**同形**であるといって, $R\cong R'$と表わされる. RからR自身の上への環同形は, Rの**自己同形**と呼ばれる. $\boldsymbol{F}_p\ni x\longmapsto x^p\in\boldsymbol{F}_p$は, 体$\boldsymbol{F}_p$の自己同形である(第1章1.1補題).

Lagrangeの定理, Fermatの小定理

Gを群, Sを集合とし, 写像$f: G\times S\to S$が与えられているとする. 今$f(g, x)=gx$ ($g\in G$, $x\in S$)と書こう. Gの任意の元g, h, Sの任意の元xに対して

(1)　$ex = x$　　(eはGの単位元)

(2)　$(gh)x = g(hx)$

が成り立つとき, Gは(fを通して)Sに**左から作用する**という. 今, Sの元x, yに対して, Gの元gがありて$y=gx$となるとき$x\sim y$と書くことにすれば,

$\sim$ は S の元の間の同値関係となる．$S/\sim$ を $G\backslash S$ と表わす．

上とは対称的に，写像 $f': G\times S\to S$ が与えられ，$f'(g,x)=xg$ と置くとき

(1′)　$xe=x$

(2′)　$x(gh)=(xg)h$

が成り立つとき，G は S に**右から作用する**という．このとき，$x\approx y$ を $y=xg$ となる $g\in G$ があることを意味するものとすれば，$\approx$ も S の元の間の同値関係となる．$S/\approx$ を S/G と表わす．

H を群 G の部分群としよう．$H\times G\ni(h,g)$ に対し，$f(h,g)=hg$，$f'(h,g)=gh$(いずれも G での積)とおけば，f, f' はそれぞれ上の(1),(2)；(1′),(2′)を満たす(ただし $S=G$, $G=H$ とする)．$H\backslash G=G/\sim$ の元 $(g)_\sim$ をとろう．$(g)_\sim=\{hg\,|\,h\in H\}$ を Hg と書いて，これを H の**右剰余類**と呼ぶ．同様に，G/H の元 $(g)_\approx$ を gH と書き，これを H の**左剰余類**と呼ぶ．G が有限群ならば，Hg, gH の元の個数は，ともに H の元の個数 $|H|$ に等しい．(一般に集合 A の元の個数(A の cardinality)を Card(A) または Card A とも書く．) $H\backslash G$ の元の個数，すなわち，H の右剰余類の個数を n とすれば，G は n 個の，互いに共通部分を持たない同値類の合併集合になる．したがって，G の元の個数 $|G|=n|H|$ となる．$|G|$ を G の**位数**，n を H の G に関する**指数**と呼び，$(G:H)$ と表わす．(上の議論からもわかるように，このとき，H の左剰余類の個数も n に等しい．) こうして，

定理(Lagrange)　有限群 G とその部分群 H が与えられたとき，

$$|G|=(G:H)|H|.$$ ——

群 G とその元 g が与えられたとき，$g^0=e$，$g^1=g$，$g^2=gg$，$g^3=g^2g$，…，$g^{-2}=(g^{-1})^2$，$g^{-3}=(g^{-1})^3$，… とおき，$H=\{g^n\,|\,n\in \boldsymbol{Z}\}$ とおくと H は G の部分群となる．この H を g を**生成元**とする G の部分群と呼んで，$\langle g\rangle$ と表わす．特に $\langle g\rangle=G$ となるとき，G は g を生成元とする**巡回群**と呼ばれる．たとえば，加群 $\boldsymbol{Z}$, $\boldsymbol{Z}/m\boldsymbol{Z}$ はそれぞれ 1, $(1)_m$ を生成元とする巡回群である．

一般に，$\langle g\rangle$ の位数を g の**位数**と呼ぶ．Lagrange の定理から，G が有限群ならば，その元 g の位数は G の位数の約数となることがわかる．g の位数が m $(<\infty)$ ならば $g^m=e$ であるから，

系 1　G を位数 n の群，$g\in G$ とすると $g^n=e$.

系 2　mを自然数($\geqq 1$), aをmと互いに素となる整数とすると$a^{\varphi(m)}\equiv 1 \pmod{m}$. ——

実際, $(a)_m\in(\boldsymbol{Z}/m\boldsymbol{Z})^*$となり, $(\boldsymbol{Z}/m\boldsymbol{Z})^*$は乗法を演算とする位数$\varphi(m)$の群となるから, $(a)_m^{\varphi(m)}=(1)_m$となり, 求める合同式が得られる.

系 3 (Fermatの小定理)　pを素数, aをpでは割り切れない整数とすると, $a^{p-1}\equiv 1 \pmod{p}$. ——

一般に, 整数a, bに対して, それらが互いに素となるためには,

$$ka+lb=1$$

を満たすような整数k, lが存在することが, 必要十分である. このことから容易にわかるように, 加群$\boldsymbol{Z}/m\boldsymbol{Z}$において$(a)_m$がその生成元となるためには, mとaが互いに素となることが, 必要十分である. したがって, 巡回群$\boldsymbol{Z}/m\boldsymbol{Z}$の生成元の個数は$\varphi(m)$に等しい.

準同形定理, 同形定理

群Gとその部分群Nについて, $gN=Ng$がGの任意の元gに対して成り立つとき, NはGの**正規部分群**と呼ばれ, $N\lhd G$または$G\rhd N$と書かれる. このとき$N\backslash G=G/N$であるが, さらに

$$gN\cdot hN=ghN \qquad (g, h\in G)$$

とおいてG/Nの元の間の積を定めることができる. (実際, もし$gN=g'N$, $hN=h'N$なら$g'=gn$, $h'=hn'$となるような$n, n'\in N$が存在し, $g'h'=gn\cdot hn'$となる. ところが, $nh\in Nh=hN$だから, $nh=hn''$ $(n''\in N)$. ゆえに, $gn\cdot hn'=gh(n''n')$. したがって$g'h'N=ghN$となり, 上の定義は意味を持つのである.) ここで, G/Nはこの積を演算とする群になる(実際, $eN=N$が単位元, $g^{-1}N$がgNの逆元となる). G/Nは, GのNによる**商群**と呼ばれる.

群Gから群G'への写像fは, Gの任意の元g, hに対して

$$f(gh)=f(g)f(h)$$

が成り立つとき, GからG'への**準同形**と呼ばれる. fが単射であれば, fはGからG'への**同形**, さらにfが全単射ならば, fはGからG'の**上への同形**と呼

ばれ，この場合に G と G' は(f を通して)**同形**であるといって，$G\cong G'$ と表わす．

準同形 $f: G\to G'$ に対して，

$$\mathrm{Ker}\, f = \{g \in G \mid f(g) = e'\} \qquad (e' \text{ は } G' \text{ の単位元})$$

とおくと，$\mathrm{Ker}\, f \lhd G$ となる．$\mathrm{Ker}\, f$ は f の**核**(kernel)と呼ばれる．このとき，$f(G)$ は G' の部分群となるが，剰余類 $g\,\mathrm{Ker}\, f$ に $f(g)$ を対応させる写像は，商群 $G/\mathrm{Ker}\, f$ から $f(G)$ の上への同形となることが容易にわかる．こうして次の定理が得られた．

定理(準同形定理)　G, G' を群，$f: G\to G'$ を準同形とすると，$G/\mathrm{Ker}\, f\cong f(G)$.

系 1(第1同形定理)　群の準同形 $f: G\to G'$ が全射で，$N'\lhd G'$ ならば，$f^{-1}(N')\lhd G$. しかも

$$G/f^{-1}(N') \cong G'/N'.$$

(ただし，$f^{-1}(N')=\{g\in G \mid f(g)\in N'\}$.) ——

写像 $G'\ni g'\longmapsto g'N'\in G'/N'$ を π と表わせば，π は準同形．$F=\pi\circ f$ は，G から G'/N' の上への準同形で，$\mathrm{Ker}\, F=f^{-1}(N')$. ゆえに，$G/f^{-1}(N')=G/\mathrm{Ker}\, F\cong F(G)=G'/N'$.

系 2(第2同形定理)　G を群，H をその部分群，$N\lhd G$ とする．このとき $HN=\{hn \mid h\in H,\ n\in N\}$ は G の部分群で，$N\lhd HN$. また $H\cap N\lhd H$ であり，

$$H/H\cap N \cong HN/N. \qquad \text{——}$$

最後の同形の式だけを証明しよう．$HN\ni g\longmapsto gN\in HN/N$ を π と表わす．$\pi(hn)=\pi(h)$ だから，$\pi(HN)=\pi(H)=HN/N$. ところで，準同形 $H\ni h\longmapsto\pi(h)=hN$ の核は $H\cap N$. ゆえに，$\pi(H)\cong H/H\cap N$ となり，求める式が得られる．

系 3(第3同形定理)　群 G とその正規部分群 H, N が与えられ，$H\supset N$ とすると，$G/N\rhd H/N$. さらに

$$(G/N)/(H/N) \cong G/H. \qquad \text{——}$$

$G/N\rhd H/N$ は容易にわかる．$G/N\ni gN\longmapsto gH\in G/H$ を π とすると，$\pi(G/N)=G/H$. また $\mathrm{Ker}\,\pi=H/N$ だから上式が得られる．

体とその拡大

これ以後，簡単のために，体といえば可換体を意味するものとする．実数体 $\boldsymbol{R}$ と複素数体 $\boldsymbol{C}$ のように，体 k, K が与えられ，$k \subset K$ となるとき K を k の**拡大体**，k を K の**部分体**という．$\boldsymbol{C}$ は $\boldsymbol{R}$ の拡大体である．また，体 k とその拡大体 K, L が与えられ，$k \subset K \subset L$ となっているとき K を拡大 L/k の**中間体**と呼ぶ．$\boldsymbol{R}$ は $\boldsymbol{C}/\boldsymbol{Q}$ の中間体である．

体 k とその拡大体 K が与えられたとしよう．K は k 上のベクトル空間となる．K の k 上次元 $\dim_k K = n$ が有限であるとき，K は **k 上 n 次拡大**といわれ，$[K:k]=n$ と書かれる．$[\boldsymbol{C}:\boldsymbol{R}]=2$ となる．$\boldsymbol{C}/\boldsymbol{Q}$ の中間体 k は，$[k:\boldsymbol{Q}]=n$ となるとき **n 次体**と呼ばれる．

K を拡大 L/k の中間体，$[L:k]=n$，$[L:K]=m$，$[K:k]=l$ とすると，

$$[L:k] = [L:K][K:k]$$

となる．実際，L の K 上基底を $\{u_1, \cdots, u_m\}$，K の k 上基底を $\{v_1, \cdots, v_l\}$ とすると，L の任意の元 α は

$$\alpha = \sum_{i=1}^{m} \beta_i u_i \qquad (\beta_i \in K)$$

と表わされ，$\beta \in K$ は

$$\beta = \sum_{j=1}^{l} \gamma_j v_j \qquad (\gamma_j \in k)$$

と書けるから，$\{u_1v_1, u_1v_2, \cdots, u_iv_j, \cdots, u_mv_l\}$ が L の k 上基底となる．

$k=\{a+b\sqrt{-1} \mid a, b \in \boldsymbol{Q}\}$ とおこう．k は，容易にわかるように，$\boldsymbol{Q}$ を含む環で，$\boldsymbol{C}$ に含まれ，$\boldsymbol{Q}$ 上 2 次元のベクトル空間となる．k は，実は 2 次体となるのだが，それを示すために，“整域” という概念を用いる．

R を単位元 $1 (\neq 0_R)$ を持つ可換環としよう．R の元 x, y に対して，

$$xy = 0_R \Longrightarrow x = 0_R \quad \text{または} \quad y = 0_R$$

が成り立つとき，R は**整域**であるという．$\boldsymbol{Z}$ は整域である．また，任意の可換体は整域である．

命題　kを体，Rをkを含む整域で$\dim_k R<\infty$とすると，Rはkの拡大体である．——

$R\ni a$，$a\neq 0_R$とし，aが逆元を持つことを示す．写像$f: R\ni x\longmapsto ax\in R$は$k$上線型であるから，次元定理により

$$\dim_k R=\dim_k \mathrm{Ker}\, f+\dim_k f(R).$$

ところが，Rは整域で$a\neq 0_R$だから$\mathrm{Ker}\, f=\{0_R\}$．ゆえに$f(R)=R$．したがって，$f(x)=ax=1$となるような$x\in R$，すなわち$x=a^{-1}$が存在する！

系　kを体，Kをその拡大体とし，$\alpha\in K$が方程式

(4)　$$f(X)=X^n+a_1X^{n-1}+\cdots+a_n=0 \qquad (a_i\in k)$$

を満たすとすると，$k(\alpha)=\left\{\sum_{i=0}^{n-1}x_i\alpha^i \mid x_i\in k\right\}$は$K/k$の中間体となる．——

実際$k(\alpha)$がKの部分環となること，$\dim_k k(\alpha)\leqq n$は容易にわかるから，上の命題により系が得られる．——（上の多項式(4)の**次数**(degree)はnである．多項式fの次数を$\deg f$と表わす．）

上の系から，$\boldsymbol{Q}(\sqrt{-1})$，$\boldsymbol{Q}(\sqrt{2})$等が2次体となることがわかる．

体の拡大K/kとKの元αが与えられたとしよう．αが(4)を満たすとき，αはk**上代数的**であるという．$\alpha'\in k(\alpha)$とすると，$1,\alpha',\alpha'^2,\cdots,\alpha'^n$は$k$上1次従属になるから，$\alpha'$も(4)と同様の方程式を満たし，$k$上代数的になる．同様に，$k$の有限次拡大体の元は$k$上代数的であることがわかる．今，$\alpha,\beta$を$K$に含まれる$k$上代数的な元としよう．$L=k(\alpha)$とすると，$k\subset L\subset K$．また，$\beta$は$L$上代数的になる．したがって，$[L(\beta):L]<\infty$．$L(\beta)$を$k(\alpha,\beta)$と書こう．このとき

$$[k(\alpha,\beta):k]=[k(\alpha,\beta):k(\alpha)][k(\alpha):k]<\infty.$$

したがって，$k(\alpha,\beta)$に含まれる元$\alpha\pm\beta,\alpha\beta$等もみな$k$上代数的であることがわかった．これからわかるように，Kに含まれるk上代数的な元全体の集合$\tilde{k}$は，K/kの中間体となる．$\tilde{k}$を，Kの中でのkの**代数的閉包**と呼ぶ．

$\boldsymbol{C}$の中での$\boldsymbol{Q}$の代数的閉包を$\bar{\boldsymbol{Q}}$と書こう．今，$\boldsymbol{Q}$係数の多項式fを任意にとると，$f(X)=0$は$\boldsymbol{C}$の中に根を持つから，$f(X)=(X-\alpha_1)\cdots(X-\alpha_n)$のように分解され，$\alpha_1,\cdots,\alpha_n$は$\bar{\boldsymbol{Q}}$に含まれる．したがって，$f$は，係数体を$\bar{\boldsymbol{Q}}$にまで拡げれば，1次因子の積に分解されるのである．一般に，体kとその拡大体K

が与えられ，k 係数の任意の多項式が，係数体を K に拡げたときに1次因子の積に分解されるなら，K は k の**代数的閉包**であるという．Steinitz によって，次の定理が証明された(証明については，たとえば彌永昌吉，彌永健一，代数学(岩波全書)を参照)．

定理　任意の体に対し，その代数的閉包が存在する．——

体 k の代数的閉包は，ただ一つ存在するわけではないが，それらは互いに同形であり，K, K' を k の代数的閉包とすると，同形 $\sigma: K \xrightarrow{\cong} K'$ で，k の任意の元 x に対して $\sigma(x)=x$ となるようなものがあることも，Steinitz によって示された．

$\boldsymbol{Q}$ の代数的閉包としては，上に挙げた $\bar{\boldsymbol{Q}}$ がとれる．$\bar{\boldsymbol{Q}}$ の元の中で，複素平面の原点を中心とする単位円周の n 等分点 $\zeta_n=e^{2\pi i/n}$ をとると，$\boldsymbol{Q}(\zeta_n)$ は**円分体**と呼ばれる重要な体である．特に $\boldsymbol{Q}(\zeta_4)=\boldsymbol{Q}(\sqrt{-1})$ は **Gauss 数体**と呼ばれ，重要である．

Ω を体 k の代数的閉包としよう．方程式

$$X^n-1=0$$

は，Ω において1次因子に分解され，

$$X^n-1=(X-\alpha_1)(X-\alpha_2)\cdots(X-\alpha_n) \qquad (\alpha_i \in \Omega)$$

のようになる．ここで，$\alpha_1, \cdots, \alpha_n$ を Ω に含まれる“1の n 乗根”という．Ω に含まれる1の n 乗根 α は，$1 \leqq m < n$ を満たす任意の m について $\alpha^m \neq 1$ となるとき，1の**原始 n 乗根**と呼ばれる．この概念は，数論において最も深い結果の一つである，平方剰余の相互法則(第1章3.1定理6)を証明するために用いられる．

$\boldsymbol{Q}$ の拡大体については上にいろいろの例を挙げたが，$\boldsymbol{F}_p$ の拡大体について考えよう．例として，$p=2$ とし Ω を $\boldsymbol{F}_2$ の代数的閉包，ζ を Ω に含まれる1の原始3乗根としよう．ζ は方程式 $X^3-1=0$ を満たす．

$$X^3-1=(X-1)(X^2+X+1)$$

において，$X^2+X+1=0$ は $\boldsymbol{F}_2$ に根を持たず，$\zeta^2+\zeta+1=0$ である．$K=\boldsymbol{F}_2(\zeta)=\{a+b\zeta \mid a, b \in \boldsymbol{F}_2\}$ は $\boldsymbol{F}_2$ の2次拡大体で，$|K|=|\boldsymbol{F}_2|^2=4$．実際 $K=\{0, 1, \zeta, 1+\zeta\}$ で，$(1+\zeta)^2+(1+\zeta)+1=(1+\zeta^2)+(1+\zeta)+1=0$．ゆえに，

$$X^3-1=(X-1)(X-\zeta)(X-(1+\zeta)).$$

ここで，$X^2+X+1=0$ は K で2根を持つことがわかったが，より一般に，多項式の根に関して，それが重根となるかどうかをしらべる方法がある．

体 k 上の多項式 $f(X)=a_0X^n+a_1X^{n-1}+\cdots+a_n\,(a_i\in k,\ a_0\neq 0)$ に，その形式的な**微分** $f'(X)=na_0X^{n-1}+(n-1)a_1X^{n-2}+\cdots+a_{n-1}$ を対応させよう．すると，一般に多項式 F, G と k の元 a, b に対して

$$(aF+bG)'=aF'+bG',\qquad (FG)'=F'G+FG',\qquad X'=1$$

が満たされることがわかる．上で，$a_0=1$ とし，$\bar{k}$ を k の代数的閉包としたとき

$$f(X)=(X-\alpha_1)^{e_1}\cdots(X-\alpha_m)^{e_m}\qquad(\alpha_i\in\bar{k})$$

のような分解が得られるとしよう．すると

$$\begin{aligned}f'(X)=\ &e_1(X-\alpha_1)^{e_1-1}(X-\alpha_2)^{e_2}\cdots(X-\alpha_m)^{e_m}\\&+e_2(X-\alpha_1)^{e_1}(X-\alpha_2)^{e_2-1}\cdots(X-\alpha_m)^{e_m}+\cdots\\&+e_m(X-\alpha_1)^{e_1}\cdots(X-\alpha_m)^{e_m-1}\end{aligned}$$

となる．ゆえに，$f(X)=0$ が重根を持つための必要十分条件は，$f(X)=0$ と $f'(X)=0$ とが根を共有することである．特に $f'(X)$ が0ではない定数になれば，$f(X)=0$ の根は互いに相異なる！　たとえば，$k=\boldsymbol{F}_2$ のとき

$$(X^2+X+1)'=2X+1=0X+1=1$$

なので，$X^2+X+1=0$ は相異なる根を持つのである．より一般に，q を素数のべき p^f とするとき，$\boldsymbol{F}_p$ 上の方程式

$$X^q-X=0$$

について，その微分をとると

$$(X^q-X)'=qX^{q-1}-1=-1$$

だから，$X^q-X=0$ は q 個の相異なる根を持つ．この事実は，第1章1.1定理1で，$\boldsymbol{F}_p$ 上 f 次の拡大体が，$\boldsymbol{F}_p$ の代数的閉包の中で一意的に存在することを証明するために用いられる．

本章の内容は，$\boldsymbol{Q}$ の数論ともいうべきものであろう．$\boldsymbol{Q}$ のかわりに有限次代数体 k（すなわち $[k:\boldsymbol{Q}]<\infty$ となる $\boldsymbol{C}$ の部分体 k）をとっても，本章の結果の多

くは成り立つ．有限次代数体の性質については，代数的整数論の書物(巻末文献リストを参照)を見られたい．また，上でてみじかに述べた代数学のテーマについて，より深く学びたい方は，Galois 理論の入門書を読まれるとよい．

彌 永 健 一

文　　献

古典の中から

C. F. Gauss, Disquisitiones arithmeticae, 1801, Werke, Bd. I (仏訳：Blanchard; 英訳：Yale Univ. Press).

C. Jacobi, Fundamenta nova theoriae functionum ellipticarum, 1829, Gesammelte Werke, Bd. I, p. 49–239.

G. Lejeune-Dirichlet, Démonstration d'un théorème sur la progression arithmétique, 1834, Werke, Bd. I, p. 307.

G. Eisenstein, Mathematische Abhandlungen, Berlin, 1847 (1967 に再刻, Hildesheim, Georg Olms Verlag).

B. Riemann, Gesammelte mathematische Werke, Teubner, 1892 (仏訳(部分訳)：Gauthier-Villars, 1898).

D. Hilbert, Die Theorie der algebraischer Zahlkörper, Gesam. Abh., Bd. I, p. 63–363 (仏訳：Ann. Fac. Sci. Toulouse, 1909, 1910).

H. Minkowski, Gesammelte Abhandlungen, Teubner, 1911.

E. Hecke, Mathematische Werke, Göttingen, 1959.

C. L. Siegel, Gesammelte Abhandlungen, Springer-Verlag, 1966.

代数体および局所体に関して

E. Hecke, Algebraische Zahlen, Leipzig, 1923.

Z. Borevič, I. Šafarevič, Théorie des nombres (ロシア語からの仏訳; 和訳：整数論, 上・下, 吉岡書店, 英・独訳もある).

M. Eichler, Einführung in die Theorie der algebraischen Zahlen und Funktionen, Birkhäuser Verlag, 1963 (英訳：Academic Press).

J.-P. Serre, Corps locaux, Hermann, 1962.

P. Samuel, Théorie algébrique des nombres, Hermann, 1967.

E. Artin, J. Tate, Class Field Theory, Benjamin, 1968.

J. Cassels, A. Fröhlich, Algebraic Number Theory, Academic Press, 1967.

A. Weil, Basic Number Theory, Springer-Verlag, 1967.

(上の3書には類体論についての説明も見られる.)

邦書では，たとえば次のものがある：

高木貞治，初等的整数論，共立出版，1931.
高木貞治，代数的整数論，岩波書店，1948.
淡中忠郎，代数的整数論，共立出版，1949.
彌永昌吉(編)，数論，岩波書店，1969.
久保田富雄，整数論入門，朝倉書店，1971.
石田信，代数的整数論，森北出版，1974.
藤崎源二郎，代数的整数論入門，裳華房，1975.

2次形式論について

a) 一般論，Wittの定理

E. Witt, Theorie der quadratischen Formen in beliebigen Körpern, J. Crelle, 176, 1937, p. 31–44.
N. Bourbaki, Algèbre, 第IX章, Hermann, 1959(和訳：東京図書).
E. Artin, Geometric Algebra, Interscience Publ., 1957.
邦書：
田坂隆士，2次形式，I，II，岩波講座基礎数学，1976.

b) 数論的性質

B. Jones, The Arithmetic Theory of Quadratic Forms, Carus Mon., n° 10, John Wiley and Sons, 1950.
M. Eichler, Quadratische Formen und orthogonale Gruppen, Springer-Verlag, 1952.
G. L. Watson, Integral Quadratic Forms, Cambridge Tracts, n° 51, Cambridge, 1960.
O. T. O'Meara, Introduction to Quadratic Forms, Springer-Verlag, 1963.

c) 判別式 ± 1 の整係数2次形式

E. Witt, Eine Identität zwischen Modulformen zweiten Grades, Abh. math. Sem. Univ. Hamburg, 14, 1941, p. 323–337.
M. Kneser, Klassenzahlen definiter quadratischer Formen, Arch. der Math., 8, 1957, p. 241–250.
J. Milnor, On Simply Connected Manifolds, Symp. Mexico, 1958, p. 122–128.
J. Milnor, A Procedure for Killing Homotopy Groups of Differentiable Manifolds, Symp. Amer. Math. Soc., n° 3, 1961, p. 39–55.

Dirichlet の理論，ゼータ関数，*L* 関数について

J. Hadamard, Sur la distribution des zéros de la fonction $\zeta(s)$ et ses conséquences arithmétiques, 1896, Œuvres, C. N. R. S., t. I, p. 189–210.

E. Landau, Handbuch der Lehre von der Verteilung der Primzahlen, Teubner, 1909.

A. Selberg, An Elementary Proof of the Prime Number Theorem for Arithmetic Progressions, Canad. J. Math., 2, 1950, p. 66–78.

K. Prachar, Primzahlverteilung, Springer-Verlag, 1957.

H. Davenport, Multiplicative Number Theory, Chicago, Markham, 1968.

K. Chandrasekharan, Introduction to Analytic Number Theory, Springer-Verlag, 1968.

A. Blanchard, Initiation à la théorie analytique des nombres premiers, Dunod, 1969.

邦書：

末綱恕一，解析的整数論，岩波書店，1950(第2版，1969).

三井孝美，整数論(解析的整数論入門)，至文堂，1970.

片山孝次，整数論入門，実教理工学全書，1975.

保型関数

F. Klein, Vorlesungen über die Theorie der elliptischen Modulfunktionen, Leipzig, 1890.

S. Ramanujan, On Certain Arithmetical Functions, Trans. Cambridge Phil. Soc., 22, 1916, p. 159–184.

G. Hardy, Ramanujan, Cambridge Univ. Press, 1940.

R. Godement, Travaux de Hecke, Sém. Bourbaki, 1952–53, exposés 74–80.

R. C. Gunning, Lectures on Modular Forms (Notes by A. Brumer), Ann. of Math. Studies, Princeton, 1962.

A. Borel et al., Seminar on Complex Multiplication, Lecture Notes in Math., nº 21, Springer-Verlag, 1966.

A. Weil, Sur la formule de Siegel dans la théorie des groupes classiques, Acta Math., 113, 1965, p. 1–87.

A. Ogg, Modular Forms and Dirichlet Series, Benjamin, 1969.

G. Shimura, Introduction to the Arithmetic Theory of Automorphic Functions, Tokyo-Princeton, 1971.

H. Rademacher, Topics in Analytic Number Theory, Springer-Verlag, 1973.

W. Kuyk (編), Modular Functions of One Variable (Proc. Int. Summer School,

Antwerp, 1972), vol. I, II, III, Lecture Notes in Math. 320, 349, 350, Springer-Verlag, 1973.

P. Deligne, La conjecture de Weil, I, Publ. Math. IHES, 43, 1974, p. 273–307.

(なお上記の Hecke と Siegel の Œuvres をも参照されたい.)

邦書：

河田敬義，一変数保型函数の理論，I，II，東大セミナリーノート，1964.

土井公二，三宅敏恒，保型形式と整数論，紀伊国屋書店，1976.

清水英男，保型関数，I，II，岩波講座基礎数学，1977.

記　　号

$\boldsymbol{Z}, \boldsymbol{N}, \boldsymbol{Q}, \boldsymbol{R}, \boldsymbol{C}$：整数，負でない整数，有理数，実数，複素数全体の集合．

A^*：環 A に含まれる可逆元の集合．

$\boldsymbol{F}_q$：q 個の元からなる有限体，**1.1.1.**

$\left(\frac{x}{p}\right)$：Legendre 記号，**1.3.2**，**2.3.3.**

$\varepsilon(n), \omega(n)$：**1.3.2**，**2.3.3.**

$\boldsymbol{Z}_p$：p 進整数環，**2.1.1.**

v_p：p 進付値，**2.1.2.**

$\boldsymbol{U}=\boldsymbol{Z}_p^*$：$p$ 進単数群，**2.3.1.**

$\boldsymbol{Q}_p$：p 進数体，**2.1.3.**

(a, b)，$(a, b)_v$：Hilbert 記号，**3.1.1**，**3.2.1.**

$V=P\cup\{\infty\}$：**3.2.1**，**4.3.1.**

$\hat{\oplus}, \oplus$：直交和，**4.2.1**，**5.1.2.**

$f\sim g$：**4.1.6.**

$f\dot{+}g$，$f\dot{-}g$：**4.1.6.**

$d(f)$：2 次形式 f の判別式，**4.2.1**，**4.3.1.**

$\varepsilon(f), \varepsilon_v(f)$：2 次形式 f の局所的不変量，**4.2.1**，**4.3.1.**

S, S_n：**5.1.1.**

$d(E), r(E), \sigma(E), \tau(E)$：$S$ の元 E の不変量，**5.1.3.**

$I_+, I_-, U, \Gamma_8, \Gamma_{8m}$：$S$ の元，**5.1.4.**

$K(S)$：S の Grothendieck 群，**5.1.5.**

$\hat{G}$：有限 Abel 群 G の双対群，**6.1.1.**

$G(m)=(\boldsymbol{Z}/m\boldsymbol{Z})^*$：**6.1.3.**

P：素数全体の集合，**6.3.1.**

$\zeta(s)$：Riemann ゼータ関数，**6.3.2.**

$L(s, \chi)$：χ に関する L 関数，**6.3.3.**

$G=\boldsymbol{SL}_2(\boldsymbol{Z})/\{\pm 1\}$：モジュラー群，**7.1.1.**

H：上半平面，**7.1.1.**

D：モジュラー群の基本領域，**7.1.2.**

$\rho=e^{2\pi i/3}$：**7.1.2.**

$q=e^{2\pi iz}$: 7.2.1.

$\mathfrak{R}$: $\boldsymbol{C}$ の格子の集合，7.2.2.

$G_k(k\geqq 2)$, g_2, g_3, $\varDelta=g_2^3-27g_3^2$: 7.2.3.

B_k : Bernoulli 数，7.4.1.

E_k : 7.4.2.

$\sigma_k(n)$: n の約数の k 乗和，7.4.2.

τ : Ramanujan 関数，7.4.5.

$T(n)$: Hecke 作用素，7.5.1，7.5.3.

$r_\Gamma(m)$: $2m$ の格子 Γ による表現の個数，7.6.5.

θ_Γ : 格子 Γ のテータ関数，7.6.5.

索　　引

H

I

J

K

L

M

■岩波オンデマンドブックス■

数論講義　J.-P. セール著

1979年 1月19日　第1刷発行
2009年 6月24日　第6刷発行
2017年 4月11日　オンデマンド版発行

訳 者　彌永健一（いやながけんいち）

発行者　岡 本 厚

発行所　株式会社 岩波書店
〒101-8002 東京都千代田区一ツ橋 2-5-5
電話案内 03-5210-4000
http://www.iwanami.co.jp/

印刷／製本・法令印刷

ISBN 978-4-00-730592-4　Printed in Japan